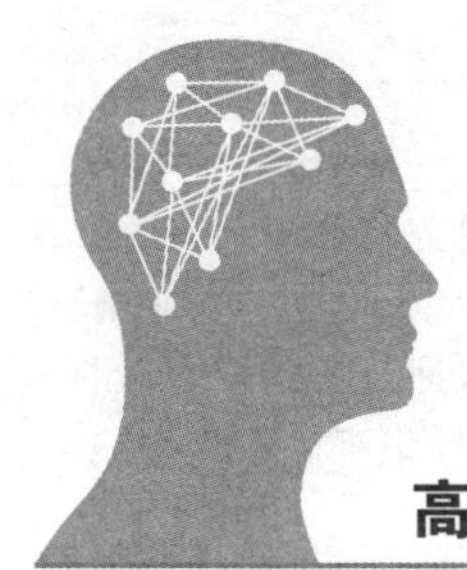

高等学校智能科学与技术/人工智能专业教材

计算机视觉实践

李轩涯　曹焯然　计湘婷　编著

清华大学出版社
北京

内容简介

本书研究计算机对环境的表达、理解与感知相关的理论和技术，试图建立从图像或多维数据中获取"信息"的人工智能系统，是让计算机智能化达到类似人类的双眼"看"的一门研究科学。本书兼具基础理论与编程实战，可作为高等院校计算机、信息技术等相关专业的高年级本科生或研究生的实践教材或参考书，也可供从事计算机视觉和人工智能等领域研究的相关人员参考，是一本实用性极强的入门实践教材。

图书在版编目(CIP)数据

计算机视觉实践/李轩涯，曹焯然，计湘婷编著. —北京：清华大学出版社，2021.12(2023.4重印)
高等学校智能科学与技术.人工智能专业教材
ISBN 978-7-302-59748-3

Ⅰ. ①计…　Ⅱ. ①李…②曹…③计…　Ⅲ. ①计算机视觉－高等学校－教材　Ⅳ. ①TP302.7

中国版本图书馆 CIP 数据核字(2021)第 274222 号

责任编辑：贾　斌
封面设计：常雪影
责任校对：胡伟民
责任印制：刘海龙

出版发行：清华大学出版社
网　　址：http://www.tup.com.cn，http://www.wqbook.com
地　　址：北京清华大学学研大厦 A 座　　**邮　　编**：100084
社 总 机：010-83470000　　**邮　　购**：010-62786544
投稿与读者服务：010-62776969，c-service@tup.tsinghua.edu.cn
质量反馈：010-62772015，zhiliang@tup.tsinghua.edu.cn
课件下载：http://www.tup.com.cn，010-83470236
印 装 者：三河市铭诚印务有限公司
经　　销：全国新华书店
开　　本：185mm×260mm　　**印　　张**：10.5　　**字　　数**：260 千字
版　　次：2022 年 1 月第 1 版　　**印　　次**：2023 年 4 月第 7 次印刷
印　　数：13001～16000
定　　价：59.00 元

产品编号：096229-01

高等学校智能科学与技术/人工智能专业教材

编审委员会

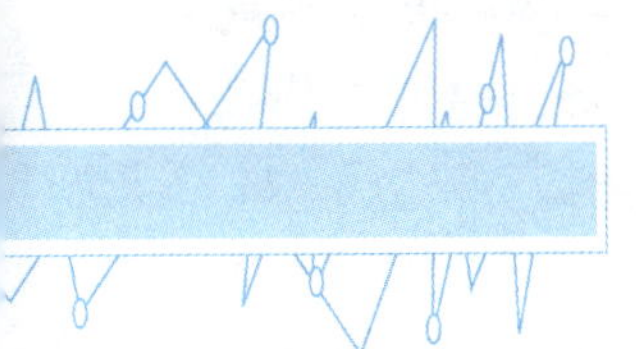

出版说明

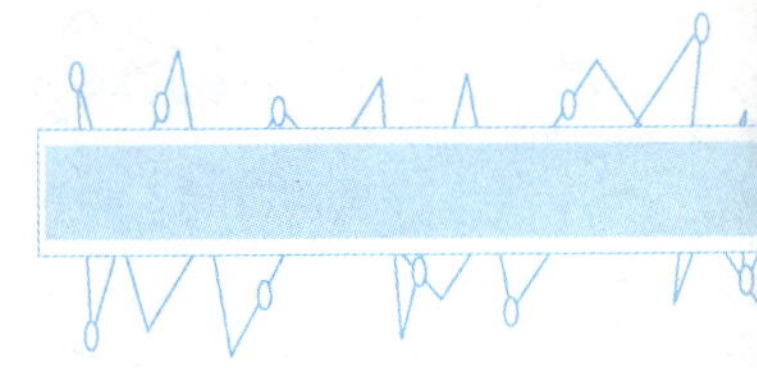

当今时代，以互联网、云计算、大数据、物联网、新一代器件、超级计算机等，特别是新一代人工智能为代表的信息技术飞速发展，正深刻地影响着我们的工作、学习与生活。

随着人工智能成为引领新一轮科技革命和产业变革的战略性技术，世界主要发达国家纷纷制定了人工智能国家发展计划。2017 年 7 月，国务院正式发布《新一代人工智能发展规划》（以下简称《规划》），将人工智能技术与产业的发展上升为国家重大发展战略。《规划》要求“牢牢把握人工智能发展的重大历史机遇，带动国家竞争力整体跃升和跨越式发展”，提出要“开展跨学科探索性研究”，并强调“完善人工智能领域学科布局，设立人工智能专业，推动人工智能领域一级学科建设”。

为贯彻落实《规划》，2018 年 4 月，教育部印发了《高等学校人工智能创新行动计划》，强调了“优化高校人工智能领域科技创新体系，完善人工智能领域人才培养体系”的重点任务，提出高校要不断推动人工智能与实体经济（产业）深度融合，鼓励建立人工智能学院/研究院，开展高层次人才培养。早在 2004 年，北京大学就率先设立了智能科学与技术本科专业。为了加快人工智能高层次人才培养，教育部又于 2018 年增设了“人工智能”本科专业。2020 年 2 月，教育部、国家发展改革委、财政部联合印发了《关于“双一流”建设高校促进学科融合，加快人工智能领域研究生培养的若干意见》的通知，提出依托“双一流”建设，深化人工智能内涵，构建基础理论人才与“人工智能＋X”复合型人才并重的培养体系，探索深度融合的学科建设和人才培养新模式，着力提升人工智能领域研究生培养水平，为我国抢占世界科技前沿，实现引领性原创成果的重大突破提供更加充分的人才支撑。至今，全国共有超过 400 所高校获批智能科学与技术或人工智能本科专业，我国正在建立人工智能类本科和研究生层次人才培养体系。

教材建设是人才培养体系工作的重要基础环节。近年来，为了满足智能专业的人才培养和教学需要，国内一些学者或高校教师在总结科研和教学成果的基础上编写了一系列教材，其中有些教材已成为该专业必选的优秀教材，在一定程度上缓解了专业人才培养对教材的需求，如由南京大学周志华教授编写、我社出版的《机器学习》就是其中的佼佼者。同时，我们应该看到，目前市场上的教材还不能完全满足智能专业的教学需要，突出的问题主要表现在内容比较陈旧，不能反映理论前沿、技术热点和产业应用与趋势等；缺乏系统性，基础教材多、专业教材少，理论教材多、技术或实践教材少。

为了满足智能专业人才培养和教学需要，编写反映最新理论与技术且系统化、系列化的教材势在必行。早在 2013 年，北京邮电大学钟义信教授就受邀担任第一届“高等学校智能科学与技术/人工智能专业教材编委会”主任，组织和指导教材的编写工作。2019年，第二届编委会成立，清华大学陆建华院士受邀担任编委会主任，全国各省市开设智能科学与技术/人工智能专业的院系负责人担任编委会成员，在第一届编委会的工作基础上继续开展工作。

编委会认真研讨了国内外高等院校智能科学与技术/人工智能专业的教学体系和课程设置，制定了编委会工作简章、编写规则和注意事项，规划了核心课程和自选课程。经过编委会全体委员及专家的推荐和审定，本套丛书的作者应运而生，他们大多是在本专业领域有深厚造诣的骨干教师，同时从事一线教学工作，有丰富的教学经验和功底。

本套教材是我社针对智能科学与技术/人工智能专业策划的第一套系列教材，遵循以下编写原则：

(1) 智能科学技术/人工智能既具有十分深刻的基础科学特性(智能科学)，又具有极其广泛的应用技术特性(智能技术)。因此，本专业教材面向理科或工科，鼓励理工融通。

(2) 处理好本学科与其他学科的共生关系。要考虑智能科学与技术/人工智能与计算机、自动控制、电子信息等相关学科的关系问题，考虑把“互联网+”与智能科学联系起来，体现新理念和新内容。

(3) 处理好国外和国内的关系。在教材的内容、案例、实验等方面，除了体现国外先进的研究成果，一定要体现我国科研人员在智能领域的创新和成果，优先出版具有自己特色的教材。

(4) 处理好理论学习与技能培养的关系。对理科学生，注重对思维方式的培养；对工科学生，注重对实践能力的培养。各有侧重。鼓励各校根据本校的智能专业特色编写教材。

(5) 根据新时代教学和学习的需要，在纸质教材的基础上融合多种形式的教学辅助材料。鼓励包括纸质教材、微课视频、案例库、试题库等教学资源的多形态、多媒质、多层次的立体化教材建设。

(6) 鉴于智能专业的特点和学科建设需求，鼓励高校教师联合编写，促进优质教材共建共享。鼓励校企合作教材编写，加速产学研深度融合。

本套教材具有以下出版特色：

(1) 体系结构完整，内容具有开放性和先进性，结构合理。

(2) 除满足智能科学与技术/人工智能专业的教学要求外，还能够满足计算机、自动化等相关专业对智能领域课程的教材需求。

(3) 既引进国外优秀教材，也鼓励我国作者编写原创教材，内容丰富，特点突出。

(4) 既有理论类教材，也有实践类教材，注重理论与实践相结合。

(5) 根据学科建设和教学需要，优先出版多媒体、融媒体的新形态教材。

(6) 紧跟科学技术的新发展，及时更新版本。

为了保证出版质量，满足教学需要，我们坚持成熟一本，出版一本的出版原则。在每本书的编写过程中，除作者积累的大量素材，还力求将智能科学与技术/人工智能领域的

最新成果和成熟经验反映到教材中，本专业专家学者也反复提出宝贵意见和建议，进行审核定稿，以提高本套丛书的含金量。热切期望广大教师和科研工作者加入我们的队伍，并欢迎广大读者对本系列教材提出宝贵意见，以便我们不断改进策划、组织、编写与出版工作，为我国智能科学与技术/人工智能专业人才的培养做出更多的贡献。

我们的联系方式是：

联系人：贾斌

联系电话：010-83470193

电子邮件：jiab@tup.tsinghua.edu.cn。

清华大学出版社

2020 年夏

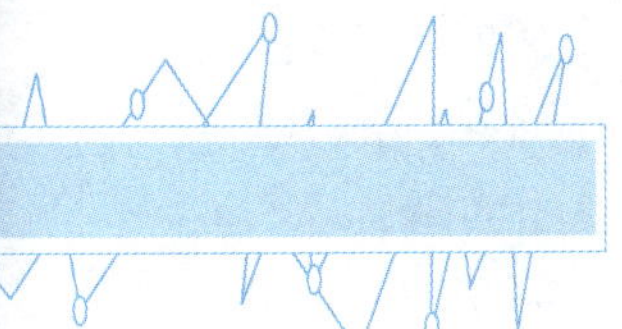

总　　序

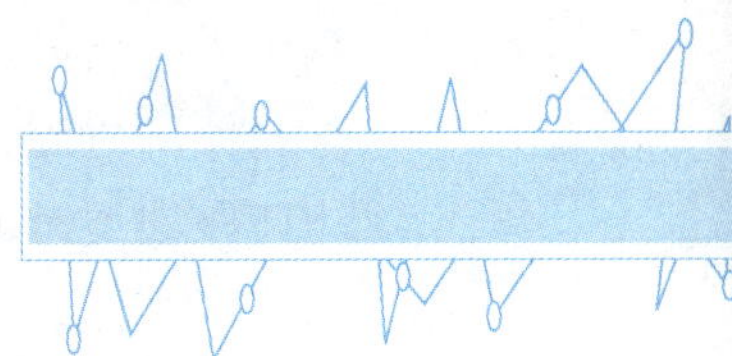

以智慧地球、智能驾驶、智慧城市为代表的人工智能技术与应用迎来了新的发展热潮，世界主要发达国家和我国都制定了人工智能国家发展计划，人工智能现已成为世界科技竞争新的制高点。另一方面，智能科技/人工智能的发展也面临新的挑战，首先是其理论基础有待进一步夯实，其次是其技术体系有待进一步完善。抓基础、抓教材、抓人才，稳妥推进智能科技的发展，已成为教育界、科技界的广泛共识。我国高校也积极行动、快速响应，陆续开设了智能科学与技术、人工智能、大数据等专业方向。截至2020年底，全国共有超过400所高校获批智能科学与技术或人工智能本科专业，面向人工智能的本、硕、博人才培养体系正在形成。

教材乃基础之基础。2013年10月，“高等学校智能科学与技术/人工智能专业教材”第一届编委会成立。编委会在深入分析我国智能科学与技术专业的教学计划和课程设置的基础上，重点规划了《机器智能》等核心课程教材。南京大学、西安电子科技大学、西安交通大学等高校陆续出版了人工智能专业教育培养体系、本科专业知识体系与课程设置等专著，为相关高校开展全方位、立体化的智能科技人才培养起到了示范作用。

2019年10月，第二届(本届)编委会成立。在第一届编委会教材规划工作的基础上，编委会通过对斯坦福大学、麻省理工学院、加州大学伯克利分校、卡内基·梅隆大学、牛津大学、剑桥大学、东京大学等国外高校和国内相关高校人工智能相关的课程和教材的跟踪调研，进一步丰富和完善了本套专业教材。同时，本届编委会继续推进专业知识结构和课程体系的研究及教材的出版工作，期望编写出更具创新性和专业性的系列教材。

智能科学技术正处在迅速发展和不断创新的阶段，其综合性和交叉性特征鲜明，因而其人才培养宜分层次、分类型，且要与时俱进。本套教材既注重学科的交叉融合，又兼顾不同学校、不同类型人才培养的需要，既有强化理论基础的，也有强化应用实践的。编委会为此将系列教材分为基础理论、实验实践和创新应用三大类，并按照课程体系将其分为数学与物理基础课程、计算机与电子信息基础课程、专业基础课程、专业实验课程、专业选修课程和“智能+”课程。该规划得到了相关专业的院校骨干教师的共识和积极响应，不少教师/学者也开始组织编写各具特色的专业课程教材。

编委会希望，本套教材的编写，在取材范围上要符合人才培养定位和课程要求，体现学科交叉融合；在内容上要强调体系性、开放性和前瞻性，并注重理论和实践的结合；在章节安排上要遵循知识体系逻辑及其认知规律；在叙述方式上要能激发读者兴趣，引导读者积极思考；在文字风格上要规范严谨，语言格调要力求亲和、清新、简练。

编委会相信，通过广大教师/学者的共同努力，编写好本套专业教材，可以更好地满足高等学校智能科学与技术/人工智能专业的教学需要，更高质量地培养智能科技专门人才。饮水思源。在高等学校智能科学与技术/人工智能专业教材陆续出版之际，我们对为此做出贡献的有关单位、学术团体、老师/专家表示崇高的敬意和衷心的感谢。

感谢中国人工智能学会及其教育工作委员会对推动设立我国高校智能科学与技术本科专业所做的积极努力；感谢清华大学、北京大学、南京大学、西安电子科技大学、北京邮电大学、南开大学等高校，以及华为、百度、腾讯等企业为发展智能科学与技术/人工智能专业所做的实实在在的贡献。

特别感谢清华大学出版社对本系列教材的编辑、出版、发行给予高度重视和大力支持。清华大学出版社主动与中国人工智能学会教育工作委员会开展合作，并组织和支持了本套专业教材的策划、编审委员会的组建和日常工作。

编委会真诚希望，本套教材的出版不仅对我国高等学校智能科学与技术/人工智能专业的学科建设和人才培养发挥积极的作用，还将对世界智能科学与技术的研究与教育做出积极的贡献。

另一方面，由于编委会对智能科学与技术的认识、认知的局限，本套教材难免存在错误和不足，恳切希望广大读者对本套教材存在的问题提出意见建议，帮助我们不断改进，不断完善。

高等学校智能科学与技术/人工智能专业教材编委会主任

陆建华

2020 年 12 月

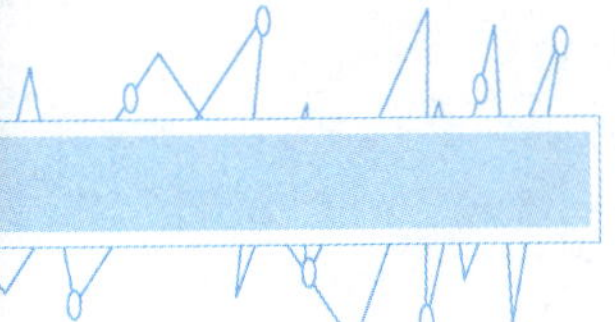

序　一

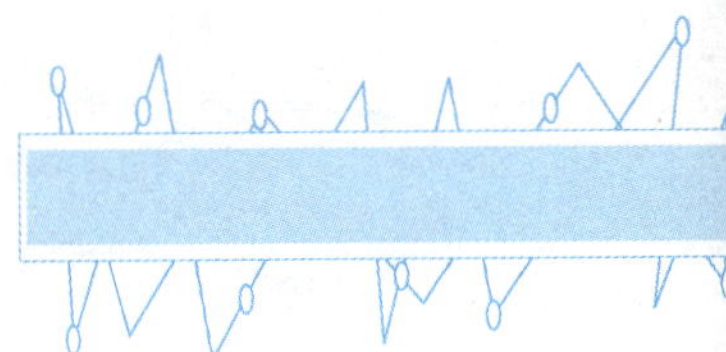

近年来，人工智能的快速发展正在引发新一轮的技术革命，对未来人类社会进步有着至关重要的作用。作为人工智能领域重要研究方向的计算机视觉，以深度学习算法为依托也得到极大发展，应用领域广阔，市场规模巨大。据前瞻产业研究院统计，国内42%的人工智能企业应用计算机视觉相关技术，相当于应用语音技术、自然语言处理技术的企业占比之和。计算机视觉在自动驾驶、工业、医疗、安防、金融、零售等领域都显示出令人瞩目的应用价值。

早在2013年9月我国《信息化和工业化深度融合专项行动计划》就指出工业机器人的发展需要计算机视觉技术助力；2015年7月国务院发布的《关于积极推进“互联网+”行动的指导意见》明确提出要进一步推进包括计算机视觉在内的关键技术研发和产业化；同时，许多地方政府也积极部署，出台政策，大力发展计算机视觉技术，加快推进人工智能产品研发。可见国家对计算机视觉发展的高度重视，以及计算机视觉领域对整个人工智能发展的重要带动作用。

计算机视觉研发领域新的快速发展对相关人才的理论和实践能力提出了新的更高要求，高等院校也急需提供更加丰富的满足各层次人才培养的教材和实践案例。在这一背景下，《计算机视觉实践》及时出版，和读者见面了。《计算机视觉实践》基于百度飞桨覆盖工业、医疗等多种实际场景的丰富实践案例，将真实的应用场景、用户需求，以及研发难点细节，以实践的方式直观呈现到学习者面前，可打开学习者对未来计算机视觉的想象空间，帮助其充分掌握技术内核和实际应用落地的技能，是一本能为学习者答疑解惑，提高学习效果的好教材。

相信在该教材的启迪下，希望进入计算机视觉领域的学习者能够感受到计算机视觉的魅力所在，并对其产生深入探索研究的兴趣。计算机视觉作为人工智能的核心技术之一，将被更多学习、研发者应用于更多产品、更多场景、更多行业中，使我们的生活更便利、更精彩。

中国工程院院士、北京航空航天大学教授

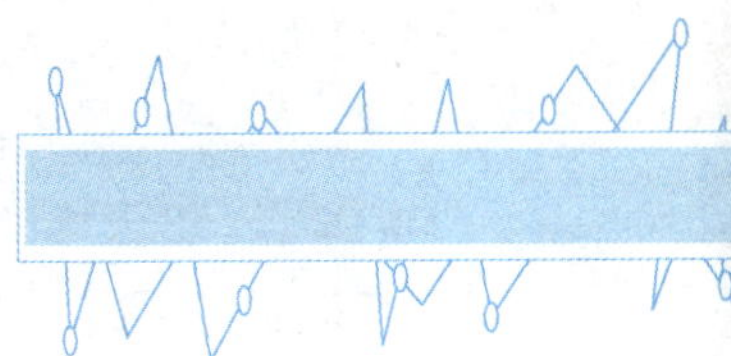

序 二

随着科学技术的不断更新，人工智能已逐渐成为引领新一轮科技革命、产业变革和社会发展的战略性技术。新一代人工智能技术正在全球范围内高速发展，在改变人们日常生活，消费方式的同时，也为全球经济、工业等诸多领域的高质量发展提供了新动能。在我国，自 2017 年起，人工智能已连续三年写入《政府工作报告》，加快新一代人工智能发展已成为国家重大战略。作为人工智能的重点赛道，计算机视觉着力解决如何使机器看懂世界的问题。现阶段，国家政策的重点从研究人工智能技术转向人工智能技术与实体经济的深度融合发展，而计算机视觉是最早取得突破性进展，也是落地应用最广泛的人工智能技术。想要促进计算机视觉技术不断突破、应用更加成熟，关键在于人才的推动，人工智能行业属知识密集型产业，是顶级人才争夺最激烈的领域。但现实情况是，计算机视觉领域的后备力量非常有限。

在人工智能技术高速发展的大前提下，我国众多高校陆续成立协同创新中心、人工智能学院、人工智能研究院等机构，为人工智能专业人才及产业应用人才培养搭建平台。然而，工业和信息化部人才交流中心发布的《人工智能产业人才发展报告(2019－2020 年版)》却指出，人工智能领域目前存在人才储备不足且培养机制不完善等问题，人才供需比严重不平衡，预计当前我国人工智能产业内有效人才缺口达 30 万。根据人工智能各技术方向岗位人才供需比来看，包括人工智能芯片、机器学习、自然语言处理等，数据显示人工智能不同技术方向岗位的人才供需比均低于 0.4。而其中计算机视觉岗最为稀缺，人才供需比仅为 0.09，真正面临人才供给窘境。

一直以来，如何培养真正符合市场需求的计算机视觉人才一直是人工智能人才培养中的难点。随着计算机视觉技术与行业之间的结合日趋紧密，精通计算机视觉技术的人才很难再通过传统的方式培养。因此，计算机视觉技术的人才培养过程应该面向社会需求，实现学术与工业界的无缝衔接。产业界对计算机视觉人才的基本要求涵盖以下几点，首先是扎实的计算机视觉和工程技能基础；其次是独立分析和解决问题的能力、良好的沟通能力，以及基本的算法设计和实现能力，最后是科研实践经历，以及相关领域顶级期刊或会议的发表经历。从这些要求不难看出，产业界对学生素质的要求涵盖了基础知识、工程实践能力及科研能力。高校人才的培养也应从这几个方面着眼，培养学生运用知识与创新实践的能力。因此，在课程教学中应设置专题实践环节，强化项目学习的意识，通过项目教学法使学生融会贯通，在实践中进一步理解和升华所学知识，培养学生项目化、工程化的意识和能力。本教材是由清华大学出版社和百度联合出版，取材于百度

飞桨平台上的大量实际案例，有助于学生了解计算机视觉真实的应用场景、直面落地难点，从而更加高效地学习相关知识。

在本教材的指引下，希望未来我国人工智能人才的培养能将理论与实践进行更紧密的结合，用更科学的方式培养出更符合现实需求的人才。能真正实现习近平总书记讲话时提到的“要加强人才队伍建设，以更大的决心、更有力的措施，打造多种形式的高层次人才培养平台，加强后备人才培养力度，为科技和产业发展提供更加充分的人才支撑。”相信在不远的将来，我国的人工智能发展水平在后备力量的推动下，必将不断取得新的突破。

中国工程院院士、清华大学教授

序　三

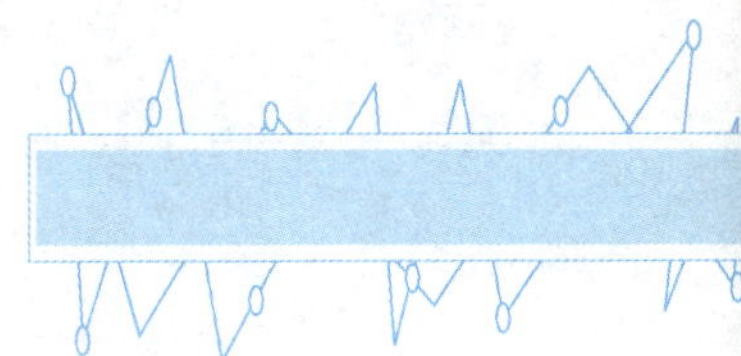

作为引领新一轮科技革命和产业变革的战略性技术，人工智能快速发展，呈现标准化、自动化和模块化的工业大生产特征，与各行各业深入融合，推动经济、社会和人们的生产生活向智能化转变。在新的发展阶段，我国提出创新驱动发展战略，努力实现高水平科技自立自强。在新发展理念指引下，加快发展新一代人工智能、把科技竞争的主动权牢牢掌握在我们自己手里。一方面，增强原始创新能力，取得关键核心技术的颠覆性突破；另一方面，围绕经济社会发展需求，强化科技应用的创新能力，推进人工智能技术产业化，形成科技创新和产业应用互相促进的良性循环。

新发展阶段呼唤新型人才。我们需要既掌握人工智能技术，又具有行业洞察和产业实践经验的复合型人才。以制造业为例，产业需要的人才，是在熟悉人工智能技术的基础上，能够深入理解制造业各细分场景的生产特点、流程、工艺和运营方式等，将技术更好地与产业融合，提出创新、高效、落地性强的解决方案。技术只有切实解决了产业痛点，才能带动产业的智能化升级。

培养既有技术素养，又有产业经验的复合型人才，需要产学研各方通力合作，充分发挥各自优势。近年来高校陆续开设人工智能专业，加大人工智能人才培养力度，同时与产业界的合作也越来越紧密，共同研发面向产业真实需求的技术和应用。产学研协同创新的环境为复合型人才培养提供了肥沃的土壤和宽广的实践空间。本套教材在阐述理论知识的同时，实践应用部分采用飞桨深度学习开源开放平台，通过大量实践案例，通俗易懂讲解理论知识，帮助读者快速入门；通过真实案例的实操验证，帮助读者检验对相关知识点的理解和掌握。

培养复合型人才，既是当前的时势使然，更是主动把握未来，赢得长远发展的先手棋。希望伴随着数字化、智能化的浪潮，本教材能够帮助越来越多的读者、从业者成为加速数字经济发展、实现我国高水平科技自立自强的中坚力量。

王海峰

百度首席技术官

前 言

FOREWORD

近年来，人工智能行业的快速发展得到了社会各界的广泛关注，我国政府在《新一代人工智能发展规划》提出“到 2030 年，使中国成为世界主要人工智能创新中心”。与此同时，我国多所高校也陆续成立人工智能专业。2018 年 35 所高校获教育部批准首批开设人工智能本科专业，2019、2020 年新增人工智能专业的高校分别有 180 所、130 所。然而，在人工智能行业高速发展的大背景下，AI 人才仍然显得“供血不足”。

从当前的人才需求趋势来看，由于人工智能技术与业务落地实践结合非常紧密，行业亟需大量既懂理论又懂实践的应用型 AI 人才。作为人才培养的重要基地，我国高校人工智能人才培养目前还面临师资较少、经费不足、实践机会缺失等现实问题，导致目前高校培养的人才仍以学科型、研究型为主。关于行业需求量较大的应用型人才如何培养尚不明确，难以满足人工智能行业的深度需求。

为帮助更多人工智能爱好者了解产业需求，本书应用百度开源深度学习框架百度飞桨(PaddlePaddle)，通过大量计算机视觉实践案例，辅以理论知识讲解，帮助读者快速入门，理解核心知识点。并通过由浅入深的真实案例操作，对相关知识进行全面实战检验。同时，以计算机视觉任务为主线，由简到难、循序渐进地引领读者搭建并训练深度学习模型。总的来讲，本套教材兼具理论与实战，既能作为高等院校计算机、信息技术等相关专业的高年级本科生或研究生的实践教材或参考书，也可供从事人工智能领域研究的相关人员参考，是一本实用性极强的入门实践教材。

本书中涵盖了大量源自百度飞桨平台的实践案例。作为我国首个自主研发、功能丰富、开源开放的产业级深度学习平台，百度飞桨已凝聚来自于各行各业的 370 万开发者，创建 42.5 万个 AI 模型，累计服务 14 万企事业单位，覆盖工业、能源、金融、农业、医疗、城市管理等众多应用场景。作者从百度飞桨中挑选了大量适合初学者学习的案例素材，以期通过真实的产业界实战练习，帮助读者更好地理解、应用相关知识点，完成从理论到实践的进阶，成为真正符合市场需求的应用型人工智能人才。

人工智能行业的发展离不开人才培养，应用型人才的培养离不开实践学习。希望本书的出现，可以帮助更多人工智能爱好者通过真实案例更深刻地理解理论知识，并在日后将书中所学应用到产业实践中，共同推动我国人工智能发展走向新高峰。

编　者

2021 年 11 月

目　录

CONTENTS

第 1 章　Python 基础

计算机视觉是一门研究如何使机器“看”的科学，旨在识别和理解图像/视频中的内容。其诞生于 1966 年 MIT AI Group 的“the summer vision project”。由于人类可以很轻易地进行视觉认知，MIT 的教授们希望通过一个暑期项目解决计算机视觉问题。当然，计算机视觉没有在一个暑期内被解决。直至今日，计算机视觉经过 50 余年的发展，已成为一个十分活跃的研究领域。如今，互联网上超过 70%的数据是图像/视频，每天有超过八亿小时的监控视频数据生成。如此大的数据量亟待自动化的视觉理解与分析技术。

在计算机视觉领域，包含许多视觉任务：图像分类、目标检测、图像分割、视频分类、文字识别、图像生成等，在本书中我们将围绕计算机视觉的许多经典任务开展实践学习。

实践一：文件名称批量修改

在学习计算机视觉之前，我们首先通过简单的实践，让大家动手编写 Python 代码，熟悉 Python 这门计算机语言，为后续使用飞桨框架解决计算机视觉任务打好基础。

批量修改文件名是工作中的一个常见需求，本节实践实现的功能是将 test 文件夹下的所有文件重名为“rename_原文件名”，例如，将 hello. txt 重名为 rename_hell. txt。

os 库是与操作系统相关的 Python 标准，提供了丰富操作系统交互接口，如：获取系统环境变量、文件目录、执行系统命令等。下面介绍本实践中主要用到的 os 库中的方法。

os. listdir(dir_path)：需要传入一个文件夹路径 dir_path，获得文件夹内的文件列表，返回值是一个列表。

os. path. join(path1，path2，…)：可以传入多个参数，能够将路径和文件名拼接成一个绝对路径。

os. rename(src，dst)：对文件或目录进行重命名，这里使用的是绝对路径，src 为要修改的文件或目录名，dst 为修改后的文件或目录名。

文件名称批量修改的实现代码如下所示，首先通过 os. listdir 获取文件下的所有文件名，再通过 os. path. join 原文件路径和新的文件名，最后通过 os. rename 修改文件名，如图 1.1 所示。

```
import os
# 函数功能:批量修改文件夹路径下所有文件的文件名,此处以在原文件名前面加一个'rename_'为例
def change_file_name(dir_path):
    files = os.listdir(dir_path)      # 读取文件名
```

```
    for f in files:
        #设置旧文件名(路径+文件名)
        oldname = os.path.join(dir_path,f)
        #设置新文件名
        newname = os.path.join(dir_path,'rename_' + f)
        #用 os 模块中的 rename 方法对文件改名
        os.rename(oldname,newname)
        print(oldname,'======>',newname)
```

运行结果：

```
test/rename_train.txt ======> test/rename_rename_train.txt
test/rename_val.txt ======> test/rename_rename_val.txt
test/rename_hello.txt ======> test/rename_rename_hello.txt
test/rename_test.txt ======> test/rename_rename_test.txt
test/rename_hell.txt ======> test/rename_rename_hell.txt
```

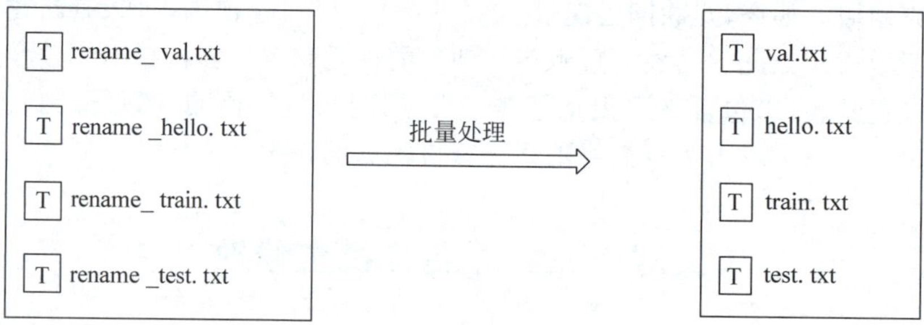

图 1.1 运行结果

实践二：随机数生成与排序

随机数在计算机领域中十分常见，随机数生成也是日常工作的一个常用功能。本节实践主要内容是通过 Python 实现随机数的生成，并且设计一个快速排序的算法对生成的随机数进行排序。

random 库是 Python 的一个极其常用的内置标准库，用于产生各种分布的伪随机数序列。在使用 random 库时，只需要 import random 即可，如下所示：

```
import random
```

生成随机整数。定义一个 random_int()函数来实现在指定范围内生成 nums 个整数并且以列表的形式返回生成的 nums 个整数。具体代码如下：

```
# 函数功能:生成 ranges 范围内的 nums 个整数
def random_int(ranges = [0,100],num = 1):
    if ranges[0]> ranges[1]:       # 检查生成随机数的范围是否有错
        print('取值范围错误')
        return []
    res = []
    for i in range(num):
```

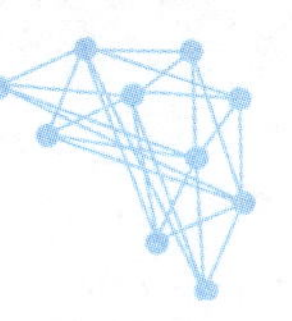

```
        res.append(random.randint(ranges[0],ranges[1] + 1))
    return res
```

代码中使用到了 random 库中的 random.randint(a,b)方法，该方法有两个参数 a、b，表示随机生成一个 [a,b)之间的整数 N。因此为了包含 b，所以采用 ranges[1]+1。

生成随机小数。定义一个 random_float()函数来实现在指定范围内生成 nums 个小数并且以列表的形式返回生成的 nums 个小数。具体代码如下：

```
# 函数功能:生成 ranges 范围内的 nums 个小数
def random_float(ranges = [0,100],num = 1):
    if ranges[0]> ranges[1]:        # 检查生成随机数的范围是否有错
        print('取值范围错误')
        return []
    res = []
    for i in range(num):
        res.append(random.random() * (ranges[1] - ranges[0]) + ranges[0])
    return res
```

代码中使用了 random 库中的 random.random(a,b)方法，该方法有两个参数 a、b，表示随机生成一个[a,b)之间的小数 N。

random 库中提供了很多函数，除了本节实践中使用到的 random.random 和 random.randint 外，还有如 randrange()、uniform()、choice()、shuffle()等，有兴趣的同学可以在本实践基础上多多尝试。

快速排序实现：排序是算法的入门知识，本节实践我们介绍常用的快速排序算法的思想及 Python 实现。

算法基本思想：快速排序是一种非常高效的排序算法，采用“分而治之”的思想，把大的拆分为小的，小的拆分为更小的。其原理是，对于给定的记录，选择一个基准数，通过一趟排序后，将原序列分为两部分，使得前面的比后面的小，然后再依次对前后拆分进行快速排序，递归该过程，直到序列中所有记录均有序。

下面以一个待排序序列为 arr[low:high]为例，简单介绍快速排序算法的基本步骤：

1. 分区操作

在 arr[low:high]中选定一个基准元素，基准元素一般选择第一个元素、最后一个元素或者中介位置元素，以基准元素为标准将要排序的序列划分为两个序列 left 与 right，其中序列 left 中所有元素的值小于等于基准元素，序列 right 中的元素大于基准元素，此时基准元素在序列 left 与 right，无须参加后续排序。

2. 递归

对于子序列 left 和 right，分别调用快速排序算法来进行排序。

3. 结束条件

当子序列 left 和 right 中元素数量为 1 时，递归将不再进行。

上述步骤的 Python 实现代码如下所示。

```
# 函数功能:快速排序
def quick_sort(arr):
```

```
    if len(arr) < 2:
        return arr
    # 选取基准,随便选哪个都可以,选中间的便于理解
    mid_index = len(arr) // 2
    # 定义基准值左中右三个数列
    left, mid, right = [], [], []
    for item in arr:
        if item > arr[mid_index]:         # 大于arr[mid_index]的放在右边集合
            right.append(item)
        elif item == arr[mid_index]:      # 等于arr[mid_index]的放在中间集合
            mid.append(item)
        else:                             # 小于arr[mid_index]的放在左边集合
            left.append(item)
    # 使用迭代进行比较
return quick_sort(left) + mid + quick_sort(right)
```

这样我们就定义好了本实践的三个主要函数,下面是调用定义好的函数生成随机数组并对生成的随机数组进行排序。代码如下所示。

```
if __name__ == '__main__':
    int_list = random_int([20,60],5)
    float_list = random_float([20.1,60],5)
    int_list_sort = quick_sort(int_list)
    float_list_sort = quick_sort(float_list)
    # 上面排序后是升序,如果想降序排列,只需加下列命令
    # int_list_sort = int_list_sort[::-1]
    print('整数列表排序前:',int_list)
    print('整数列表排序后:',int_list_sort)
    print('浮点列表排序前:',float_list)
print('浮点列表排序后:',float_list_sort)
```

这里我们对上述代码中的 if __name__=='__main__'进行简要解释。Python 是一种解释性脚本语言,模块运行时是从前向后逐行运行的,不需要类似于C语言或者Java语言中的main()函数作为程序的入口。为了增加Python代码的规范性,会使用 if __name__=='__main__'在某种意义上象征着Python代码的程序主入口。'__name__'是Python的内置变量,它的值就是当前被执行模块的真实名称,即值为__main__。所以当运行"if __name__=='__main__':"语句时,如果当前模块被直接执行,条件判断的结果为True,"if __name__=='__main__':"下面的代码块就会被执行。

运行结果:

```
整数列表排序前:[31, 34, 61, 28, 25]
整数列表排序前:[25, 28, 31, 34, 61]
浮点列表排序前:[33.42043012776012, 37.72232047103353, 20.616407437451006, 23.9531333568375,
59.75143508087903]
浮点列表排序前:[20.616407437451006, 23.9531333568375, 33.42043012776012, 37.72232047103353,
59.75143508087903]
```

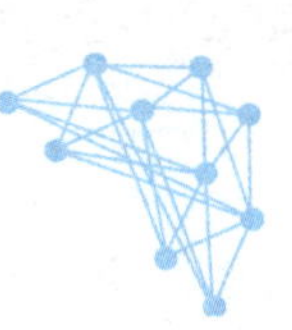

实践三：9×9 乘法表

本实践的主要任务通过程序打印 9×9 乘法表，我们定义 multiplication_table()函数实现打印 9×9 乘法表。该函数通过两个循环来控制乘法表生成和打印。具体代码如下：

```
# 函数功能:打印 99 乘法表
def multiplication_table():
    s = ''
    for i in range(1,10):                  # 1-9 范围的整数
        for j in range(1,i+1):             # 1-i 范围内的整数
            s += '{}*{}={}'.format(i,j,i*j)+" "
                                           # 计算一次乘积,并且添加到整体的乘法表字符串中
        s += '\n'                          # 计算完 i 的乘法项,输出要换行
return s                                   # 以字符串的方式返回乘法表
```

Python 中，range()函数可创建一个整数列表，一般在 for 循环中使用。str. format()是 Python 中用于格式化字符串的函数，它可以让大家在 Python 中方便对字符串进行格式化。

接下来调用我们定义好的函数生成乘法表并打印。代码和运行结果如下所示。

```
if __name__ == '__main__':                 # python 主函数解释执行的入口(可省略,直接写执行命令)
    s = multiplication_table()             # 调用产生乘法表的函数
print(s)                                   # 打印函数返回值,即乘法表
```

运行结果：

```
1*1=1
2*1=2 2*2=4
3*1=3 3*2=6 3*3=9
4*1=4 4*2=8 4*3=12 4*4=16
5*1=5 5*2=10 5*3=15 5*4=20 5*5=25
6*1=6 6*2=12 6*3=18 6*4=24 6*5=30 6*6=36
7*1=7 7*2=14 7*3=21 7*4=28 7*5=35 7*6=42 7*7=49
8*1=8 8*2=16 8*3=24 8*4=32 8*5=40 8*6=48 8*7=56 8*8=64
9*1=9 9*2=18 9*3=27 9*4=36 9*5=45 9*6=54 9*7=63 9*8=72 9*9=81
```

实践四：收视率可视化分析

对数据的可视化可以帮助我们分析数据的变化规律，是数据分析中必不可少的一部分。本节实践的主要内容是利用 Python 实现对某电视剧一段时间内收视率的可视化分析。

实践中用到的两个主要的库：

```
import matplotlib.pyplot as plt
import matplotlib.font_manager as font_manager
import pandas as pd
#显示 matplotlib 生成的图形
%matplotlib inline
```

Matplotlib：Python 2D 绘图库，以生成图表、直方图、功率谱、条形图、误差图、散点图等。

Pandas：Python 的核心数据分析支持库，用于数据挖掘和数据分析，其核心的数据结构是 DataFrame 和 series。

Pandas 的两种数据结构：

DataFrame：Pandas 中的一个表格型的数据结构，包含一组有序的列，每列可以是不同的值类型(数值、字符串、布尔型等)，DataFrame 既有行索引也有列索引，可以被看作是由 Series 组成的字典。

Series：一种类似于一维数组的对象，是由一组数据以及一组与之相关的数据标签(即索引)组成。仅由一组数据也可产生简单的 Series 对象。

我们收集整理了某电视剧的收视率相关数据存储在 json 文件中，如图 1.2 所示。


```
[{"broadcastDate": "2020.11.06", "csm59_rating": "0.582", "csm59_rating_share": "2.073", "csm59_ranking": "7", "csm_rating": "0.82",
"csm_rating_share": "4.11", "csm_ranking": "1"}, {"broadcastDate": "2020.11.07", "csm59_rating": "0.747", "csm59_rating_share": "2.645",
"csm59_ranking": "5", "csm_rating": "0.89", "csm_rating_share": "3.85", "csm_ranking": "1"}, {"broadcastDate": "2020.11.08", "csm59_rating"
: "0.651", "csm59_rating_share": "2.279", "csm59_ranking": "8", "csm_rating": "1", "csm_rating_share": "4.39", "csm_ranking": "1"}, {
"broadcastDate": "2020.11.09", "csm59_rating": "0.679", "csm59_rating_share": "2.445", "csm59_ranking": "6", "csm_rating": "0.98",
"csm_rating_share": "4.43", "csm_ranking": "1"}, {"broadcastDate": "2020.11.10", "csm59_rating": "0.755", "csm59_rating_share": "2.697",
"csm59_ranking": "1", "csm_rating": "1", "csm_rating_share": "4.57", "csm_ranking": "1"}, {"broadcastDate": "2020.11.11", "csm59_rating":
"0.682", "csm59_rating_share": "2.480", "csm59_ranking": "6", "csm_rating": "0.99", "csm_rating_share": "4.56", "csm_ranking": "1"}, {
"broadcastDate": "2020.11.12", "csm59_rating": "0.703", "csm59_rating_share": "2.541", "csm59_ranking": "8", "csm_rating": "1",
"csm_rating_share": "4.53", "csm_ranking": "1"}, {"broadcastDate": "2020.11.13", "csm59_rating": "0.809", "csm59_rating_share": "2.882",
"csm59_ranking": "4", "csm_rating": "0.98", "csm_rating_share": "4.25", "csm_ranking": "1"}, {"broadcastDate": "2020.11.14", "csm59_rating"
: "0.884", "csm59_rating_share": "3.088", "csm59_ranking": "6", "csm_rating": "1.12", "csm_rating_share": "4.8", "csm_ranking": "1"}, {
"broadcastDate": "2020.11.15", "csm59_rating": "0.841", "csm59_rating_share": "2.878", "csm59_ranking": "6", "csm_rating": "1.09",
"csm_rating_share": "4.73", "csm_ranking": "1"}, {"broadcastDate": "2020.11.16", "csm59_rating": "0.804", "csm59_rating_share": "2.850",
"csm59_ranking": "6", "csm_rating": "1.19", "csm_rating_share": "5.37", "csm_ranking": "1"}, {"broadcastDate": "2020.11.17", "csm59_rating"
: "0.843", "csm59_rating_share": "3.074", "csm59_ranking": "6", "csm_rating": "1.12", "csm_rating_share": "5.13", "csm_ranking": "1"}, {
"broadcastDate": "2020.11.18", "csm59_rating": "0.948", "csm59_rating_share": "3.432", "csm59_ranking": "6", "csm_rating": "1.16",
"csm_rating_share": "5.14", "csm_ranking": "1"}, {"broadcastDate": "2020.11.19", "csm59_rating": "0.958", "csm59_rating_share": "3.523",
"csm59_ranking": "6", "csm_rating": "1.22", "csm_rating_share": "5.46", "csm_ranking": "1"}, {"broadcastDate": "2020.11.20", "csm59_rating"
: "0.917", "csm59_rating_share": "3.254", "csm59_ranking": "5", "csm_rating": "1.2", "csm_rating_share": "5", "csm_ranking": "1"}, {
"broadcastDate": "2020.11.21", "csm59_rating": "0.942", "csm59_rating_share": "3.278", "csm59_ranking": "5", "csm_rating": "1.2",
"csm_rating_share": "4.98", "csm_ranking": "1"}, {"broadcastDate": "2020.11.22", "csm59_rating": "0.987", "csm59_rating_share": "3.438",
"csm59_ranking": "6", "csm_rating": "1.18", "csm_rating_share": "5.12", "csm_ranking": "1"}, {"broadcastDate": "2020.11.23", "csm59_rating"
: "0.999", "csm59_rating_share": "3.632", "csm59_ranking": "6", "csm_rating": "1.21", "csm_rating_share": "5.38", "csm_ranking": "1"}, {
"broadcastDate": "2020.11.24", "csm59_rating": "1.047", "csm59_rating_share": "3.751", "csm59_ranking": "6", "csm_rating": "1.16",
"csm_rating_share": "5.15", "csm_ranking": "1"}, {"broadcastDate": "2020.11.25", "csm59_rating": "1.175", "csm59_rating_share": "4.211",
"csm59_ranking": "5", "csm_rating": "1.29", "csm_rating_share": "5.79", "csm_ranking": "1"}, {"broadcastDate": "2020.11.26", "csm59_rating"
: "1.130", "csm59_rating_share": "4.091", "csm59_ranking": "6", "csm_rating": "1.32", "csm_rating_share": "5.84", "csm_ranking": "1"}, {
"broadcastDate": "2020.11.27", "csm59_rating": "1.142", "csm59_rating_share": "3.907", "csm59_ranking": "6", "csm_rating": "1.38",
"csm_rating_share": "5.77", "csm_ranking": "1"}, {"broadcastDate": "2020.11.28", "csm59_rating": "1.313", "csm59_rating_share": "4.503",
"csm59_ranking": "5", "csm_rating": "1.44", "csm_rating_share": "6.02", "csm_ranking": "1"}, {"broadcastDate": "2020.11.29", "csm59_rating"
: "1.218", "csm59_rating_share": "4.196", "csm59_ranking": "5", "csm_rating": "1.48", "csm_rating_share": "6.42", "csm_ranking": "1"}, {
"broadcastDate": "2020.11.30", "csm59_rating": "1.223", "csm59_rating_share": "4.297", "csm59_ranking": "5", "csm_rating": "1.36",
"csm_rating_share": "6.1", "csm_ranking": "1"}, {"broadcastDate": "2020.12.01", "csm59_rating": "1.110", "csm59_rating_share": "3.921",
"csm59_ranking": "5", "csm_rating": "1.33", "csm_rating_share": "5.67", "csm_ranking": "1"}]
```


图 1.2 数据展示

利用 json 格式化解析工具可以更清楚地查看数据，如图 1.3 所示。

数据中包含的信息有：播出日期、CSM59 收视率、CSM59 收视份额、CSM59 同时段排名、CSM 收视率、CSM 收视份额、CSM 同时段排名。在本实践中，我们仅对 CSM59 收视率和 CSM 收视率进行可视化展示。

首先，pandas.read_json()读取指定路径下存储收视率的 json 文件，获得一个 DataFrame 对象。

```
df = pd.read_json('work/viewing_infos.json',dtype =
{'broadcastDate': str})
```

然后，通过 DataFrame 对象的列索引获取播出日期、CSM59 收视率、CSM 收视率。

```
broadcastDate_list = df['broadcastDate']
csm59_rating_list = df['csm59_rating']
```


```
▼ 0 : { 7 items
    "broadcastDate" : string "2020.11.06"
    "csm59_rating" : string "0.582"
    "csm59_rating_share" : string "2.073"
    "csm59_ranking" : string "7"
    "csm_rating" : string "0.82"
    "csm_rating_share" : string "4.11"
    "csm_ranking" : string "1"
}
▼ 1 : { 7 items
    "broadcastDate" : string "2020.11.07"
    "csm59_rating" : string "0.747"
    "csm59_rating_share" : string "2.645"
    "csm59_ranking" : string "5"
    "csm_rating" : string "0.89"
    "csm_rating_share" : string "3.85"
    "csm_ranking" : string "1"
}
```


图 1.3 数据展示

```
csm_rating_list = df['csm_rating']
```

接下来，使用 matplotlib 绘制收率折线图。在默认状态下，matplotlb 无法在图表中使用中文，因此需要使用 matplotlib 的字体管理器 font_manager. FontProperties()指定字体文件。

```
font = font_manager.FontProperties(fname = '/usr/share/fonts/fangzheng/FZSYJW.TTF', size = 32)
        # 创建字体对象
```

创建好字体对象后，通过 matplotlib. pyplot 方法对可视化过程中的画幅大小、标题、横纵坐标及字体大小进行设置，并绘制和保存可视化结果。具体代码如下所示。

```
plt.figure(figsize = (15,8))                                    #设置画幅大小
plt.title("«隐秘而伟大»收视率变化趋势",fontproperties = font)   #设置标题
plt.xlabel("播出日期",fontsize = 20)                            #设置 X 轴标题
plt.ylabel("收视率 % ",fontsize = 20)                           #设置 Y 轴标题
plt.xticks(rotation = 45,fontsize = 20)                         #设置 X 轴刻度标签
plt.yticks(fontsize = 20)                                       ##设置 Y 轴刻度标签
plt.plot(broadcastDate_list,csm59_rating_list,label = "CSM59 城市网收视率")
plt.plot(broadcastDate_list,csm_rating_list,label = "CSM 全国网收视率")
plt.legend()
plt.grid()
plt.savefig('/home/aistudio/work/chart02.jpg')
plt.show()
```

可视化结果如图 1.4。

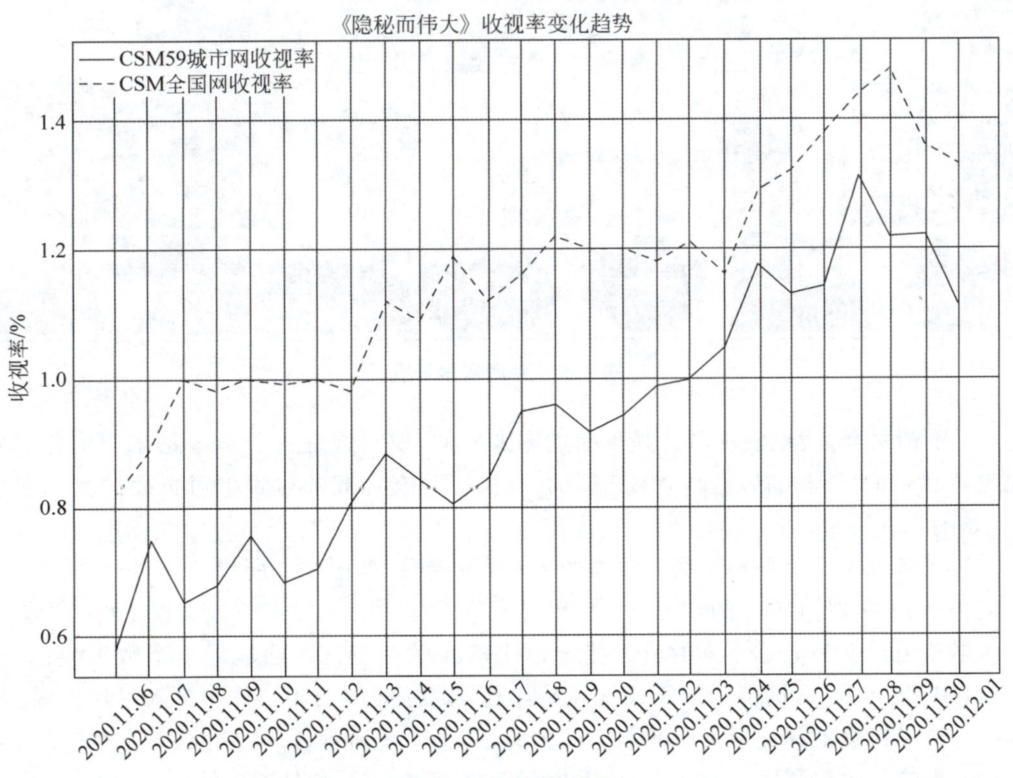

图 1.4　可视化结果

实践五：鲜花图像爬取

深度学习中模型的训练需要依赖大量的数据，可以说数据是深度学习的燃料。目前，除了从互联网下载公开数据集外，我们也利用 Python 爬虫技术自己收集和整理数据。本节的主要内容是利用实践介绍 Python 如何实现数据爬取，以及如何利用 Python 对获取的图像数据进行剪裁、灰度转化等预处理工作。

爬虫本质是利用代码模拟浏览器向网站发起请求，得到网站的响应并对网站的响应进行分析，从中获取需要爬取的数据。本节将介绍如何利用代码在百度图片(https://image.baidu.com)上搜索“鲜花”并将搜索到的图片保存至本地。

首先，我们利用浏览器和其自带的抓包工具对网站(https://image.baidu.com)进行分析。

手动在百度图片搜索框中输入“鲜花”并单击“百度一下”，如图 1.5 所示。

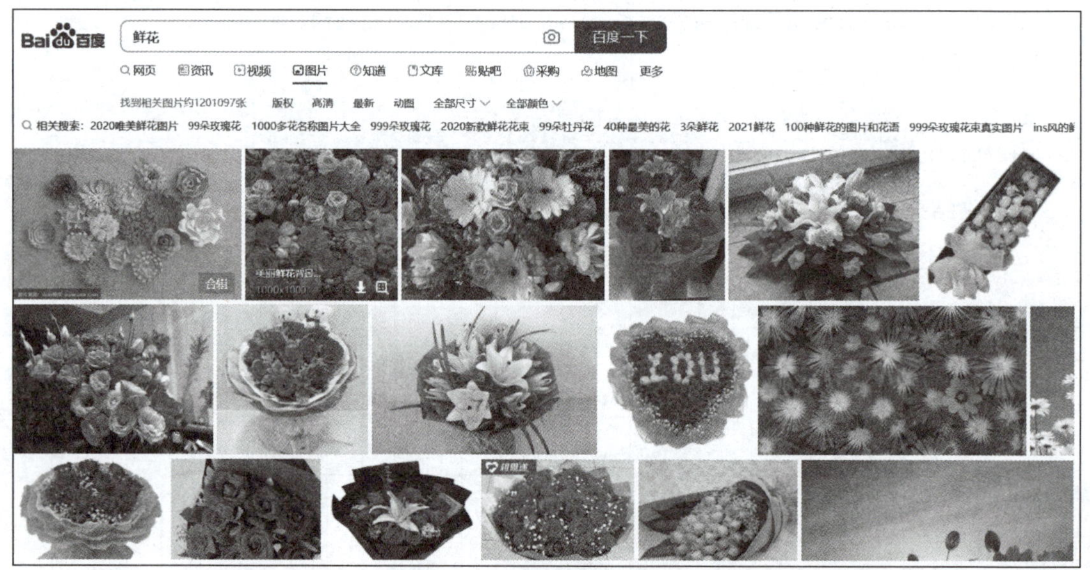

图 1.5　百度搜索鲜花

(1) 下滑页面，我们发现图片是不断动态加载的，说明这是一个 ajax 请求。因此需要利用浏览器自带的抓包工具，选择 XHR 选项，在页面动态加载的过程中对页面的数据包进行分析，如图 1.6 所示。

(2) 在抓包工具中查看新加载数据的 URL 及参数，如图 1.7 所示。

我们可以发现，URL 的组成形式为//image.baidu.com/search/acjson? + “参数信息”，参数中 queryWord、word 的值为搜索框中输入的关键词。通过对多个数据包的分析，我们可以判断参数 pn 的值为从第几张开始加载，参数 rn 的值为加载多少张图片。

(3) 利用抓包工具查看页面的响应的内容，如图 1.8 所示。

(4) 将响应内容利用 json 解析工具进行解析，解析结果如图 1.9 所示。

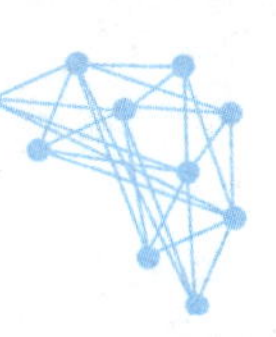

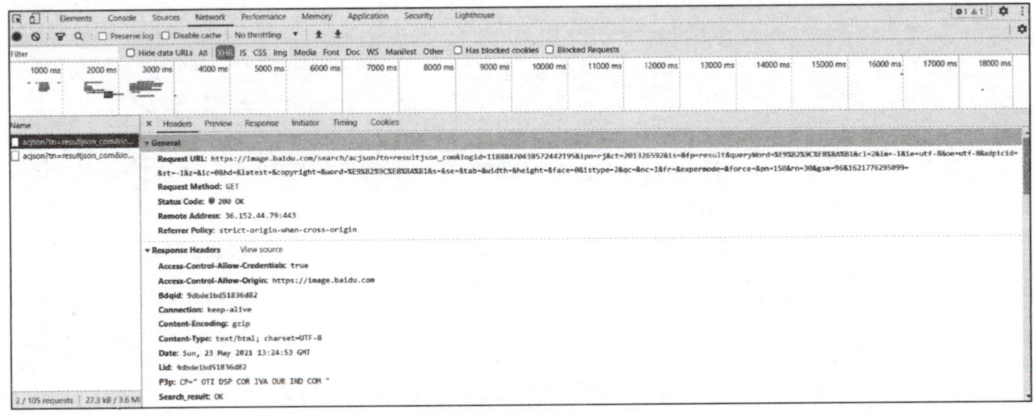

图 1.6　网页加载过程

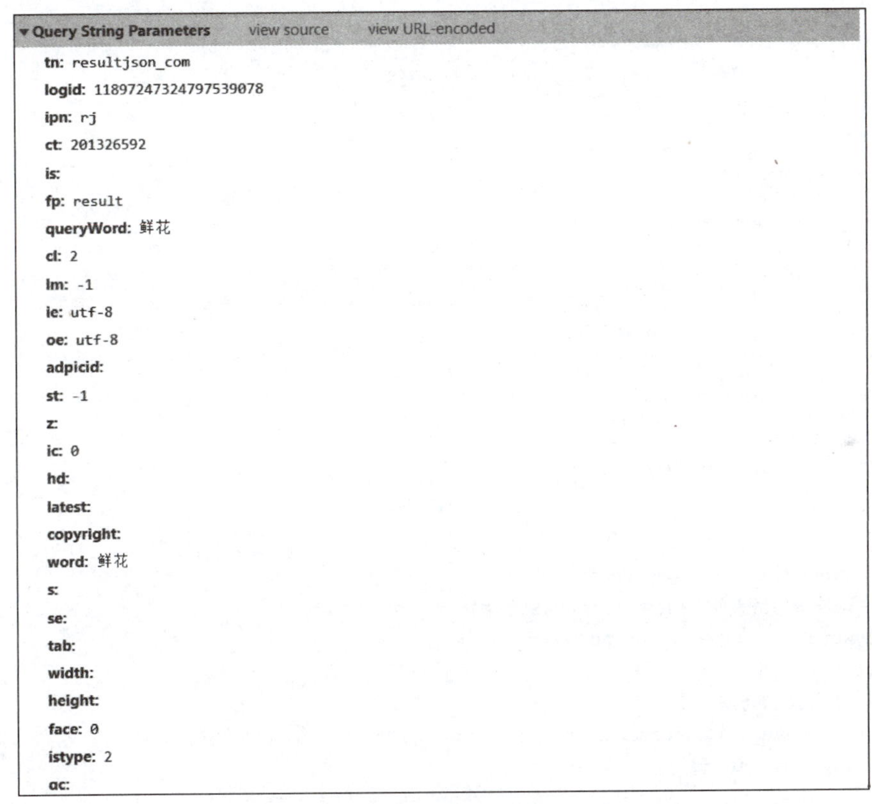

图 1.7　URL 数据

从解析后的 json 数据中，可以看到页面中每章图片的地址在 thumbURL 中，我们可以复制该地址，直接在浏览器中访问某一张图片。

完成以上 4 个步骤的分析后，接下来我们用代码实现页面数据请求并下载图片的功能。

(1) 根据之前对动态加载过程中请求参数的分析，定义 get_param()函数。该函数根据输入的 keyword 和 paginator 参数，生成请求参数。代码如下所示，其中要注意的是，对于中文关键词，我们需要利用 urllib. parse. quote()方法，对中文关键词“鲜花”进行编码。

× Headers Preview Response Initiator Timing Cookies

{"queryEnc":"%CF%CA%BB%A8","queryExt":"鲜花","listNum":1975,"displayNum":1201149,"gsm":"3c","bdFmtDispNum":"约1,200,000","bdSearchTime":"","isNeedAsyncRequest":0,"bdIsClustered":"1","data":[{

图 1.8 页面响应内容

⊟{ 可点击key和value值进行编辑
"queryEnc":"%CF%CA%BB%A8",
"queryExt":"鲜花",
"listNum":1975,
"displayNum":1201149,
"gsm":"3c",
"bdFmtDispNum":"约1,200,000",
"bdSearchTime":"",
"isNeedAsyncRequest":0,
"bdIsClustered":"1",
"data":⊟[
⊟{
"adType":"0",
"hasAspData":"0",
"thumbURL":"
https://ss0.bdstatic.com/70cFuHSh_Q1YnxGkpoWK1HF6hhy/it/u=540680435,1816486078&fm=26&gp=0.jpg",
"middleURL":"
https://ss0.bdstatic.com/70cFuHSh_Q1YnxGkpoWK1HF6hhy/it/u=540680435,1816486078&fm=26&gp=0.jpg",
"largeTnImageUrl":"",
"hasLarge":0,
"hoverURL":"

图 1.9 解析结果

```
def get_param(keyword, paginator):
    # 将中文关键词转换为符合规则的编码
    keyword = urllib.parse.quote(keyword)
    params = []
    # 为爬取的每页链接定制参数
    for i in range(1, paginator + 1):
        params.append(
'tn = resultjson_com&ipn = rj&ct = 201326592&is = &fp = result&queryWord = {}&cl = 2&lm = -1&ie = utf-8&oe = utf-8&adpicid = &st = -1&z = &ic = &hd = 1&latest = 0&copyright = 0&word = {}&s = &se = &tab = &width = &height = &face = 0&istype = 2&qc = &nc = 1&fr = &expermode = &force = &cg = star&pn = {}&rn = 30&gsm = 78&1557125391211 = '.format(keyword, keyword, 30 * i))
    return params           # 返回链接参数
```

(2) 定义 get_urls()函数，拼接形成每一页的完整请求链接。

```
def get_urls(url, params):
    urls = []
    for param in params:
```

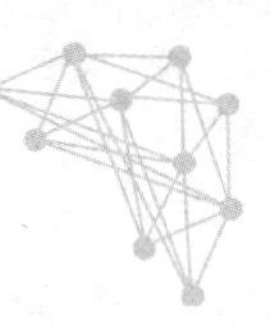

```
        # 拼接每页的链接
        urls.append(url + param)
    return urls            # 返回每页链接
```

(3) 定义 get_image_url()函数,利用 requests.get(url,headers)方法发起请求,获取页面响应,将响应转换为 json 格式。Headers 是为模仿浏览器访问网站而伪造的信息,其内容主要是浏览器版本等信息。接下来,根据对页面响应的分析,从 json 数据的 data 字段中提取 thumbURL 字段的值,即页面中每张图片的地址。

```
def get_image_url(urls, headers):
    image_url = []
    for url in urls:
        page_json = requests.get(url, headers=headers).json()
        page_data = page_json.get('data')
        for data in page_data:
            if data:
                image_url.append(data.get('thumbURL'))
    return image_url
```

(4) 定义 get_image(),请求图片的地址,并将图片数据下载至本地文件夹中,代码如下所示。

```
def get_image(keyword, image_url):
    """
    根据图片 url,在本地目录下新建一个以搜索关键字命名的文件夹,然后将每一个图片存入。
    :param image_url:
    :return:
    """
    file_name = os.path.join('.', keyword)
    print(file_name)
    if not os.path.exists(file_name):
        os.mkdir(file_name)
    for index, url in enumerate(image_url, start=1):
        with open(file_name+'/{}.jpg'.format(index), 'wb') as f:
            f.write(requests.get(url,headers=headers).content)
        if index != 0 and index % 30 == 0:
            print('第{}页下载完成'.format(index/30))
```

(5) 最后调用上述定义好的函数,完成数据爬取。

```
if __name__ == '__main__':
    url = 'http://image.baidu.com/search/acjson?'
    headers = {
        'User-Agent': 'Mozilla/5.0 (Windows NT10.0; WOW64) AppleWebKit/537.36(KHTML, like
Gecko) Chrome/69.0.3497.81 Safari/537.36'
        }
    keyword = '鲜花'    # 定义关键词
    paginator = 3       # 定义要爬取的页数
    params = get_param(keyword,paginator)
    urls = get_urls(url, params)
```

```
    image_urls = get_image_url(urls,headers)
    get_image(keyword, image_urls)
```

运行结果：

```
./鲜花
第 1.0 页下载完成
第 2.0 页下载完成
第 3.0 页下载完成
```

爬取到的图像数据如图 1.10 所示。

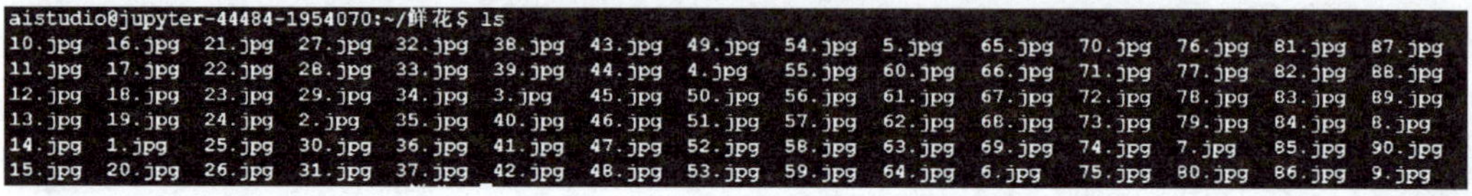

```
aistudio@jupyter-44484-1954070:~/鲜花$ ls
10.jpg  16.jpg  21.jpg  27.jpg  32.jpg  38.jpg  43.jpg  49.jpg  54.jpg  5.jpg   65.jpg  70.jpg  76.jpg  81.jpg  87.jpg
11.jpg  17.jpg  22.jpg  28.jpg  33.jpg  39.jpg  44.jpg  4.jpg   55.jpg  60.jpg  66.jpg  71.jpg  77.jpg  82.jpg  88.jpg
12.jpg  18.jpg  23.jpg  29.jpg  34.jpg  3.jpg   45.jpg  50.jpg  56.jpg  61.jpg  67.jpg  72.jpg  78.jpg  83.jpg  89.jpg
13.jpg  19.jpg  24.jpg  2.jpg   35.jpg  40.jpg  46.jpg  51.jpg  57.jpg  62.jpg  68.jpg  73.jpg  79.jpg  84.jpg  8.jpg
14.jpg  1.jpg   25.jpg  30.jpg  36.jpg  41.jpg  47.jpg  52.jpg  58.jpg  63.jpg  69.jpg  74.jpg  7.jpg   85.jpg  90.jpg
15.jpg  20.jpg  26.jpg  31.jpg  37.jpg  42.jpg  48.jpg  53.jpg  59.jpg  64.jpg  6.jpg   75.jpg  80.jpg  86.jpg  9.jpg
```

图 1.10 运行结果

实践六：鲜花图像预处理

基于实践五，我们爬取了大量的鲜花图像，它们的尺寸、格式、色域等方面差异很大，因此我们在使用图像前通常需要对图像进行一定的预处理。本实践的主要内容就是利用代码实现对图像的一些预处理操作。

本实践主要会用到以下几个 Python 库：

Numpy：是 Python 科学计算库的基础，包含了强大的 N 维数组对象和向量运算。

PIL：Python Image Library，是 Python 的第三方图像处理库，提供了丰富的图像处理函数。

cv2：是一个计算机视觉库，实现了图像处理和计算机视觉方面的很多通用算法。

```
import os
import numpy as np
from PIL import Image
import cv2
```

(1) 图片缩放。定义函数 resize_image(width,height,infile,outfile)，width 和 height 为图片要缩放的尺寸，infile 为原始图片路径，outfile 为缩放后产生的新图片保存的路径。代码如下所示。

```
# 处理 1:将图片缩放
def resize_image(width, height,infile,outfile):
    """按照固定尺寸处理图片"""
    im = Image.open(infile)
    # print( np.array(im)) #可以取消注释,将打印出数据
    # print(im.size) #可以取消注释,将打印出数据
    out = im.resize((width, height), Image.ANTIALIAS)
    out.save(outfile)
return out
```

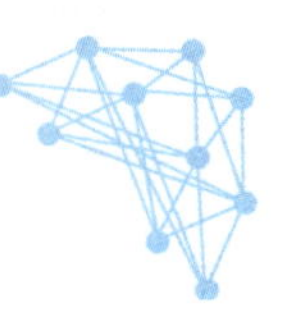

首先,使用 PIL 库中 Image.open()方法读取图片,获得一个 Image 类实例 im,然后使用 Image 类的 resize()方法将图像缩放至固定尺寸,获得一个新的 Image 类实例 out,最后使用 save()方法将缩放后的图像保存至 outfile 路径下。

Image 类中 resize()方法中有两个参数,第一个参数:(width,height)是一个元组,代表图像要缩放的尺寸;第二个参数代表图像缩放,我们选择 Image. ANTIALIAS(高质量)可以使图片信息不会有损失。

调用 resize_image()函数,代码如下,其效果如图 1.11 所示。

```
infile = 'data/image.jpg'
outfile = 'data/image_resizet.jpg'
resize_image = resize_image(100, 100,
infile,outfile)
```

图 1.11　缩放效果

(2) 灰度图转换。彩色图像包含 R、G、B 三个通道的信息,灰度图像只包含一个通道的信息,其意义在于简化图像矩阵,提供运算速度。接下来,我们定义函数 rgb2gray(infile, outfile),将输入的彩色图片(三通道)转换为灰度图片并存储。其主要用到的是 Image 类的 convert()函数。convert()函数需要传入一个 mode 参数,用以指定一种色彩模式,PIL 库中有九种模式'1','L','P','RGB','RGBA','CMYK','YCbCr','I','F'。将图片转换为灰度图像选择'L'。具体代码如下所示。其效果如图 1.12 所示。

```
# 处理 2:将图片转换为灰度图
def rgb2gray(infile,outfile):
    im = Image.open(infile)
    L = im.convert('L')
    L.save(outfile)
return L
```

图 1.12　灰度化效果

调用 resize_image()函数，代码及运行结果如下。

```
infile = 'data/image.jpg'
outfile = 'data/image_gray.jpg'
rgb2gray(infile, outfile)
```

(3) 图像增强：gamma 变换。gamma 变换采用了非线性函数(指数函数)对图像的灰度值进行幂次方变换，其作用是提升图片暗部细节，可以将漂白(相机曝光)或过暗(曝光不足)的图片进行矫正。数学公式如下：

$$V_{out} = AV_{in}^{\gamma}$$

其中，V_{in} 是归一化后的图像矩阵，因此像素点取值范围为 0～1，V_{out} 是经过 gamma 变换后的像素点矩阵，A 为一个常数，γ 指数为 gamma。当 gamma>1 时，会减小灰度级较高的地方，增大灰度级较低的地方；当 gamma<1 时，会增大灰度级较高的地方，减小灰度级较低的地方。

定义函数 gamma_transfer()函数实现对图像的数据增强，函数的主要操作是：①使用 CV.imread()读取图像；②通过 cv2.cvtColor()方法将 BRG 格式转化为 RGB 格式；③使用 numpy.power()方法对归一化的图像数据进行幂次变换，并将变换后图像数据用 cv2.imwrite()存储。具体实现代码如下，其效果如图 1.13 所示。

```
# 处理 3:图像增强,gamma 变换
def gamma_transfer(infile,outfile,power1 = 1):
    im = cv2.imread(infile)
    if len(im.shape) == 3:
        im = cv2.cvtColor(im,cv2.COLOR_BGR2RGB)
    im = 255 * np.power(im/255,power1)
    im[im > 255] = 255       #将矩阵中大于 255 的值赋值为 255
    out = im.astype(np.uint8)
    cv2.imwrite(outfile,out)
return im
```

图 1.13 gamma 变换效果

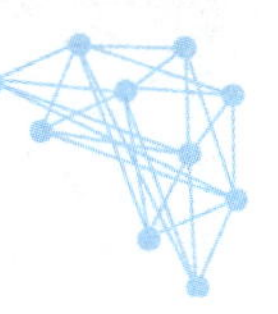

调用 gama_transfer()函数，代码及运行结果如下。

```
infile = 'data/image.jpg'
outfile = 'data/image_gama_transfer.jpg'
gama_transfer(infile, outfile, 2)
```

(4) 变换对比度与亮度。通过线性函数对图像的灰度值进行变换，从而实现改变图像对比度和亮度的效果。我们使用的线性函数为 $dst=\alpha \cdot src1+\beta \cdot src2+\gamma$，其本质就是两个图像像素矩阵进行一个线性计算，得到一个新的图像像素矩阵。

图像的线性计算利用 cv2.addWeighted(src1，alpha，src2，beta，gamma，dst，dtype=-1)方法实现，其中 src1 为输入矩阵，α 为线性函数第一个权重，src2 为第二个输入矩阵(需要与第一个矩阵具有相同的维度)，β 为第二个数组的权重，γ 为一个常数偏移量，dst 为输出的数组。接下来我们定义函数 Contrast_and_Brightness()来实现对比度与亮度变换，具体代码如下，其效果如图 1.14 所示。

```
# 处理 4:变换图片的对比度与亮度,采用了线性函数对图像的灰度值进行变换。
def Contrast_and_Brightness(infile,outfile,alpha,beta):
    """使用公式 f(x) = α.g(x) + β"""
    # α 调节对比度,β 调节亮度
    im = cv2.imread(infile)
    blank = np.zeros(im.shape,im.dtype)                     # 创建图片类型的零矩阵
    dst = cv2.addWeighted(im,alpha,blank,1 - alpha,beta)    # 图像混合加权
    cv2.imwrite(outfile, dst)
return dst
```

图 1.14　对比对亮度变换效果

调用 Contrast_and_Brightness()函数，代码及运行结果如下。

```
infile = 'data/image.jpg'
outfile = 'data/image_C&B.jpg'
Contrast_and_Brightness(infile, outfile, 2, 30)
```

第2章 图像分类

图像分类是指，针对每单张图像，预测其属于给定类别中的哪一类。一般的，计算机会对图像进行一系列运算处理，把图像表示成一种特征向量的形式，然后将这种图像特征通过某种规则划分到预先定义好的类别中，其关键是增大类间差异和减小类内差异的问题。

经过几十年的研究，图像分类已经取得了很大的进步，研究的问题也逐渐从简单的物体分类过渡到了复杂的、大规模的、细粒度、多目标的分类问题，在这一过程中也衍生出了许多有价值的应用，并已经广泛应用于生产生活的各个方面。像分类主要处理三大类任务，分别是语义级图像分类任务、细粒度图像分类任务和实例级图像分类任务，如图 2.1 所示，其中语义级图像分类任务是指在不同物种的级别上划分不同类别，例如猫狗分类、交通工具分类等；细粒度图像分类是指在粗粒度的大类别中对子类别进行划分，如区分不同的鸟类、不同的车型等，不同于语义级图像分类任务，细粒度图像的类别精度更加细致，类间差异更加细微，因此一般只能借助于微小的局部差异才能区分出不同的类别，是图像分类中挑战性较大的任务；实例级图像分类任务是对不同的个体进行区分，最典型的是人脸识别。

(a) 物体分类

(b) 鸟类分类

(c) 人脸识别

图 2.1 图像分类

一般来说，图像分类包含图像特征提取和分类器的构建两大部分。在图像特征提取方面，出现了 SIFT(Scale-Invariant Feature Transform)、HOG(Histogram of Oriented Gradient)等识别力较强的特征提取算法，以及后来出现的利用卷积神经网络提取图像特征的方法。在分类算法方面，最近几年随着机器学习(Machine Learning，ML)以及深度学习(Deep Learning，DL)的火热发展，图像分类算法日趋多样化，出现了支持向量机(Support Vector Machine，SVM)、随机森林(Random Forest，RF)、神经网络以及深度森林等多种分类模型，还有机器学习中的聚类算法也可以充当分类器的角色，推动了图像分类研究工作前进的步伐。

上面提及的 SIFT、HOG 等特征是研究者根据专业知识和经验人工设计的。直到 2012

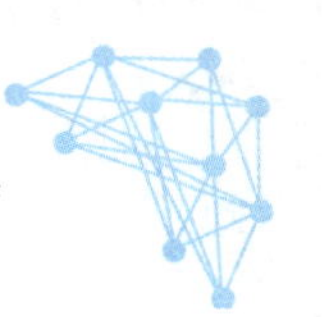

年，Krizhevsky 等人提出了深度卷积神经网络 AlexNet，通过卷积神经网络从图像中学习并提取特征，在大规模视觉识别挑战赛(ILSRVC)中突破了图像分类准确性的纪录，使得图像分类任务有了突破性的进展。之后，随着深度学习的不断研究和发展，图像分类技术也变得更加智能和高效，分类准确率也在不断提升。

如今，随着大数据时代的来临，大规模的图像分类问题逐渐兴起，进一步增加了图像分类任务的复杂度，国内外的学者及研究小组投入了大量精力对图像分类任务进行深入的研究，并做出杰出的贡献，包括斯坦福大学的人工智能实验室、牛津大学的视觉研究组、多伦多大学的人脑研究组等，国内的中科院研究所、清华大学、大连理工大学等。计算机视觉领域中的三大顶级会议 CVPR、ICCV 和 ECCV 每年也会收到大量图像分类相关的论文投稿，图像分类在科学研究中得到了越来越多的关注度，产生了越来越大的影响力。因此，为了能够推动图像分类领域的发展，设计准确而高效的图像分类算法以及网络架构成为了该领域的研究重点。

实践七：基于深度神经网络的宝石分类

在本实践中，我们将宝石分类视为一个图像分类任务，主要方法是基于深度神经网络(DNN)搭建一个分类模型，通过对模型的多轮训练学习图像特征，最终获得可以用于宝石分类的模型。实践大致可以分为五步：

(1) 数据集的加载与预处理；

(2) 模型搭建；

(3) 模型训练；

(4) 模型评估；

(5) 使用模型进行预测。

本实践代码运行的环境配置如下：Python 版本为 3.7，飞桨版本为 2.0.0，操作平台为 AI Studio。

步骤 1：宝石图片数据集加载与预处理

我们使用的数据集中包含 800 余张格式为 jpg 的宝石图像，包含 25 个宝石类别。因此，我们的宝石分类是一个多分类任务，宝石图像如图 2.2 所示。

首先，我们定义 unzip_data()对数据集的压缩包进行解压，解压后可以观察到数据集文件夹结构。

```
def unzip_data(src_path,target_path):
    '''
    解压原始数据集，将 src_path 路径下的 zip 包解压至 data/dataset 目录下
    '''
    if(not os.path.isdir(target_path)):
        z = zipfile.ZipFile(src_path, 'r')
        z.extractall(path=target_path)
        z.close()
    else:
        print("文件已解压")
```

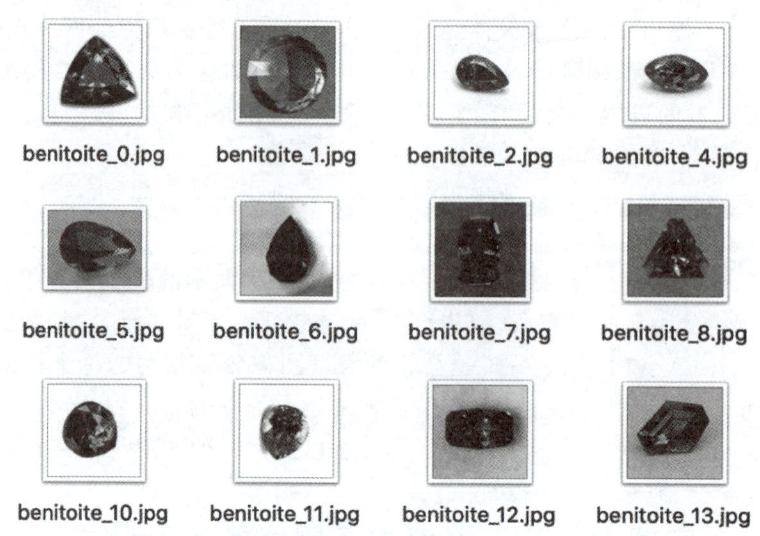

图 2.2　宝石分类数据集示意

解压得到文件夹后，定义 get_data_list()遍历文件夹和图片，按照一定比例将数据划分为训练集和验证集，并生成图片 train.txt、eval.txt。train.txt 和 eval.txt 中每行记录的是用于训练或测试的图片路径及对应标签，路径和标签用制表符进行分割。train.txt 和 eval.txt 的内容如图 2.3 所示。

```
/home/aistudio/data/dataset/Labradorite/labradorite_18.jpg	7
/home/aistudio/data/dataset/Zircon/zircon_34.jpg	24
/home/aistudio/data/dataset/Carnelian/carnelian_20.jpg	19
/home/aistudio/data/dataset/Alexandrite/alexandrite_25.jpg	23
/home/aistudio/data/dataset/Danburite/danburite_15.jpg	6
/home/aistudio/data/dataset/Tanzanite/tanzanite_18.jpg	3
/home/aistudio/data/dataset/Beryl Golden/beryl golden_8.jpg	22
/home/aistudio/data/dataset/Emerald/emerald_17.jpg	1
/home/aistudio/data/dataset/Onyx Black/onyx black_15.jpg	9
/home/aistudio/data/dataset/Variscite/variscite_10.jpg	18
/home/aistudio/data/dataset/Pearl/pearl 23.jpg	0
```

图 2.3　数据列表

接下来，定义一个数据加载器 Reader，用于加载训练和评估时要使用的数据。这里需要继承基类 Dataset。具体代码如下。

__init__：构造函数，实现训练或验证数据路径的加载：

```
def __init__(self, data_path, mode = 'train'):
    """
    数据读取器
    :param data_path: 数据集所在路径
    :param mode: train or eval
    """
    super().__init__()
    self.data_path = data_path
```

```
        self.img_paths = []
        self.labels = []

        if mode == 'train':
            with open(os.path.join(self.data_path, "train.txt"), "r", encoding = "utf-8") as f:
                self.info = f.readlines()
            for img_info in self.info:
                img_path, label = img_info.strip().split('\t')
                self.img_paths.append(img_path)
                self.labels.append(int(label))
            else:
                with open(os.path.join(self.data_path, "eval.txt"), "r", encoding = "utf-8") as f:
                    self.info = f.readlines()
                for img_info in self.info:
                    img_path, label = img_info.strip().split('\t')
                    self.img_paths.append(img_path)
                    self.labels.append(int(label))
```

__getitem__：在训练过程的中，每次迭代通过__getitem__返回图像和对应的标签。其中，对于图像还需要进行分辨率上的扭曲、维度上转换和归一化。

```
def __getitem__(self, index):
    """
    获取一组数据
    :param index: 文件索引号
    :return:
    """
    # 第一步打开图像文件并获取 label 值
    img_path = self.img_paths[index]
    img = Image.open(img_path)
    if img.mode != 'RGB':
        img = img.convert('RGB')
    img = img.resize((224, 224), Image.BILINEAR)
    img = np.array(img).astype('float32')
    img = img.transpose((2, 0, 1)) / 255
    label = self.labels[index]
    label = np.array([label], dtype = "int64")
    return img, label
```

__len__：返回数据集样本个数。

```
def __len__(self):
    return len(self.img_paths)
```

使用 paddle.io.DataLoader()方法定义训练数据加载器 train_loader 和验证数据加载器 eval_loader，其中 batch_size 为数据读取的批次大小，shuffle 用来设置数据读取时是否需要乱序。

```
#训练数据加载
train_loader = paddle.io.DataLoader(Reader('/home/aistudio/',mode = 'train'), batch_size = 16,
```

```
shuffle = True)
#测试数据加载
eval_loader = paddle.io.DataLoader(Reader('/home/aistudio/',mode = 'eval'), batch_size = 8,
shuffle = False)
```

步骤 2：前馈神经网络搭建

DNN 可以理解为有很多隐藏层的神经网络，有时也叫作多层感知机（Multi-Layer perceptron，MLP）。从网络结构来看，DNN 内部的神经网络层可以分为三层：输入层、隐藏层和输出层。一般来说，第一层是输入层，最后一层是输出层，而中间的层数都是隐藏层，每一层的神经元个数等于该层的输出维度。

DNN 结构中，层与层之间是全连接关系，即第 i 层的任意一个神经元一定与第 i+1 层的任意一个神经元相连。这样的结构意味着，对于任意一层，其输入的特征图维度等于上一层的输出维度。DNN 网络结构如图 2.4 所示。

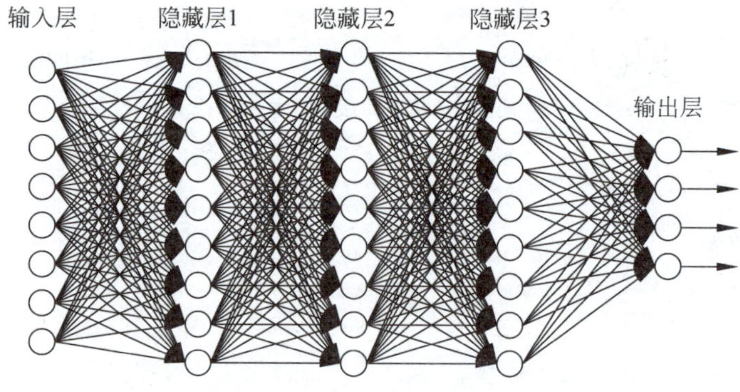

图 2.4 DNN 网络结构

了解了 DNN 的结构之后，接下来用 paddle 中的方法对模型进行搭建。我们定义类 MyDNN()，并继承父类 paddle.nn.Layer，其分为 __init__ 和 forward 两部分。其中涉及的 API 接口如下：

```
paddle.nn.Linear(in_features,
                 out_features,
                 weight_attr = None,
                 bias_attr = None,
                 name = None):
```

Linear 层只接受一个 Tensor 作为输入，形状为 [batch_size, * ,in_features]，其中 * 表示可以为任意个额外的维度。该层可以计算输入 Tensor 与权重矩阵 $\boldsymbol{W}$ 的乘积，然后生成形状为 [batch_size, * ,out_features] 的输出 Tensor。如果 bias_attr 不是 False，则将创建一个偏置参数并将其添加到输出中。

- in_features(int)：线性变换层输入单元的数目。
- out_features(int)：线性变换层输出单元的数目。
- weight_attr(ParamAttr，可选)：指定权重参数的属性。默认值为 None，表示使用默认的权重参数属性，将权重参数初始化为 0。

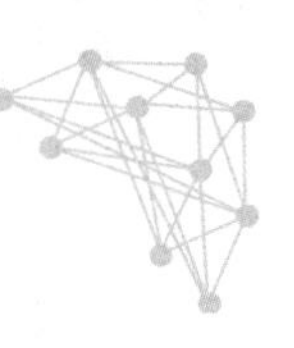

- bias_attr(ParamAttr|bool,可选)：指定偏置参数的属性。bias_attrbias_attr 为 bool 类型且设置为 False 时,表示不会为该层添加偏置。bias_attrbias_attr 如果设置为 True 或者 None,则表示使用默认的偏置参数属性,将偏置参数初始化为 0。默认值为 None。

```
paddle.nn.ReLU(name = None):ReLU 激活层(Rectified Linear Unit)。
paddle.reshape(x,
               shape,
               name = None):
```

在保持输入 x 数据不变的情况下,改变 x 的形状。

- x(Tensor)：N-D Tensor,数据类型为 float32,float64,int32,int64 或者 bool。
- shape(list|tuple|Tensor)：数据类型是 int32。定义目标形状。目标形状最多只能有一个维度为－1。如果 shape 的类型是 list 或 tuple,它的元素可以是整数或者形状为[1]的 Tensor。如果 shape 的类型是 Tensor,则是 1-D 的 Tensor。
- name(str,可选)：默认值为 None,一般不需要设置。

```
paddle.nn.CrossEntropyLoss(weight = None,
                           ignore_index = - 100,
                           reduction = 'mean',
                           soft_label = False,
                           axis = - 1,
                           name = None):
```

计算输入 input 和标签 label 间的交叉熵损失,它结合了 *LogSoftmax* 和 *NLLLoss* 的 OP 计算,可用于训练一个 *n* 类分类器。

- weight(Tensor,可选)：指定每个类别的权重。其默认为 *None*。如果提供该参数的话,维度必须为 *C*(类别数)。数据类型为 float32 或 float64。
- ignore_index(int64,可选)：指定一个忽略的标签值,此标签值不参与计算。默认值为－100。数据类型为 int64。
- reduction(str,可选)：指定应用于输出结果的计算方式,数据类型为 string,可选值有：*none*,*mean*,*sum*。默认为 *mean*,计算 *mini-batch* loss 均值。设置为 *sum* 时,计算 *mini-batch* loss 的总和。设置为 *none* 时,则返回 loss Tensor。
- soft_label(bool,optional)：指明 label 是否为软标签。默认为 False,表示 label 为硬标签；若 soft_label＝True 则表示软标签。
- axis(int,optional)：进行 softmax 计算的维度索引。它应该在[－1,dim-1][－1,dim-1] 范围内,而 dim 是输入 logits 的维度。默认值：－1。
- name(str,optional)：操作的名称(可选,默认值为 None)。

```
paddle.optimizer.SGD(learning_rate = 0.001,
                     parameters = None,
                     weight_decay = None,
                     grad_clip = None,
                     name = None):
```

该接口实现随机梯度下降算法的优化器,为网络添加反向计算过程,并根据反向计算所得的梯度，更新 parameters 中的 Parameters，最小化网络损失值 loss。

- learning_rate(float|_LRScheduler，可选)：学习率，用于参数更新的计算。可以是一个浮点型值或者一个_LRScheduler 类，默认值为 0.001。
- parameters(list，可选)：指定优化器需要优化的参数。在动态图模式下必须提供该参数；在静态图模式下默认值为 None，这时所有的参数都将被优化。
- weight_decay(float|Tensor，可选)：权重衰减系数，是一个 float 类型或者 shape 为[1]，数据类型为 float32 的 Tensor 类型。默认值为 0.01。
- grad_clip(GradientClipBase，可选)：梯度裁剪的策略，支持三种裁剪策略：paddle.nn.ClipGradByGlobalNorm、paddle.nn.ClipGradByNorm、paddle.nn.ClipGradByValue。默认值为 None，此时将不进行梯度裁剪。
- name(str，可选)：该参数供开发人员打印调试信息时使用，默认值为 None。

```
paddle.metric.accuracy(input,
                       label,
                       k = 1,
                       correct = None,
                       total = None,
                       name = None):
```

使用输入和标签计算准确率。如果正确的标签在 topk 个预测值里，则计算结果加 1。注意：输出正确率的类型由 input 类型决定，input 和 lable 的类型可以不一样。

- input(Tensor)：数据类型为 float32，float64。输入为网络的预测值。shape 为[sample_number，class_dim]。
- label(Tensor)：数据类型为 int64，int32。输入为数据集的标签。shape 为[sample_number，1]。
- k(int64|int32，可选)：取每个类别中 k 个预测值用于计算，默认值为 1。
- correct(int64|int32，可选)：正确预测值的个数，默认值为 None。
- total(int64|int32，可选)：总共的预测值，默认值为 None。
- name(str，可选)：一般无须设置，默认值为 None。

__init__：构造函数，用于定义网络结构中需要用到的每一层网络结构，在本实验中主要涉及全连接层和激活函数，需要注意的是，前一层的全连接层的输出维度应为后一层全连接层的输入维度。同时，最后一层全连接层的输出维度应为分类类别的数目，每一维代表属于该类的概率。

```
import paddle
#定义 DNN 网络
class MyDNN(paddle.nn.Layer):
  def __init__(self):
    super(MyDNN,self).__init__()
    self.linear1 = paddle.nn.Linear(in_features = 3 * 224 * 224, out_features = 1024)
    self.relu1 = paddle.nn.ReLU()
    self.linear2 = paddle.nn.Linear(in_features = 1024, out_features = 512)
    self.relu2 = paddle.nn.ReLU()
```

```
        self.linear3 = paddle.nn.Linear(in_features = 512, out_features = 128)
        self.relu3 = paddle.nn.ReLU()
        self.linear4 = paddle.nn.Linear(in_features = 128, out_features = 25)
```

forward：前馈函数用于确定 init 函数中定义的网络层的先后顺序，确定网络的前馈数据流量。输入 input 进入网络后，首先会通过 paddle. reshape 函数拉成一维的向量，之后依次通过在 init 函数中预定义的全连接层和激活函数。

```
def forward(self, input):          # forward 定义执行实际运行时网络的执行逻辑
    # input.shape (16, 3, 224, 224)
    x = paddle.reshape(input, shape = [ - 1,3 * 224 * 224])    # - 1 表示这个维度的值是从 x 的
元素总数和剩余维度推断出来的，有且只能有一个维度设置为 - 1
    # print(x.shape)
    x = self.linear1(x)
    x = self.relu1(x)
    x = self.linear2(x)
    x = self.relu2(x)
    x = self.linear3(x)
    x = self.relu3(x)
    y = self.linear4(x)
    return y
```

接着是定义损失函数和优化方法。这里使用的是交叉熵损失函数，该函数在分类任务上比较常用。定义了一个损失函数之后，还要对它求平均值，因为定义的是一个 Batch 的损失值。同时还可以定义一个准确率函数，可以在训练的时候输出分类的准确率。优化方法使用的是 SGD 优化算法。

```
# 配置优化方法、损失函数
cross_entropy = paddle.nn.CrossEntropyLoss()
opt = paddle.optimizer.SGD(learning_rate = 0.001, parameters = model.parameters())
```

步骤 3：训练前馈神经网络

我们已经定义好 DNN 模型结构，接下来我们通过 MyDNN 实例化一个 model，并通过 model. train 开启训练模式。

我们通过使用 train_loader()迭代的返回用于训练的图像和标注，每次将返回的图像输入网络，并通过 paddle. nn. CrossEntropyLoss 和 paddle. metric. accuracy 计算损失和精度。最后依次通过 loss. backward()、opt. step()和 opt. clear_grad()实现反向传播、参数优化和梯度清空。

```
model = MyDNN()                                         #模型实例化
model.train()                                           #训练模式
epochs_num = train_parameters['num_epochs']             #迭代次数
for pass_num in range(epochs_num):
  for batch_id,data in enumerate(train_loader()):
    image = data[0]
    label = data[1]
    predict = model(image)                              #数据传入 model
```

```
        loss = cross_entropy(predict,label)
        acc = paddle.metric.accuracy(predict,label)          # 计算精度
        loss.backward()
        opt.step()
        opt.clear_grad()                                     # opt.clear_grad()来重置梯度
    paddle.save(model.state_dict(),'/home/aistudio/MyDNN')   # 保存模型
```

步骤 4：模型评估

模型评估就是在验证数据集上计算模型输出结果的准确率。与训练部分代码不同，评估模型时不需要参数优化，因此，需要使用验证模式，具体代码如下。

```
# 模型评估
para_state_dict = paddle.load("/home/aistudio/MyDNN")
model = MyDNN()
model.set_state_dict(para_state_dict)                    # 加载模型参数
model.eval()                                             # 验证模式
accs = []
for batch_id,data in enumerate(eval_loader()):           # 验证集
    image = data[0]
    label = data[1]
    predict = model(image)
    acc = paddle.metric.accuracy(predict,label)
    accs.append(acc.numpy()[0])
    avg_acc = np.mean(accs)
print("当前模型在验证集上的准确率为:",avg_acc)
```

步骤 5：预测宝石图片

在使用模型预测时，我们要保证输入的图像通道数、尺寸与训练集数据相同。因此，通常需要定义一个图像预处理函数，对输入图像进行格式转换、尺寸变化等操作。

```
def load_image(img_path):
    '''
    预测图片预处理
    '''
    img = Image.open(img_path)
    if img.mode != 'RGB':
        img = img.convert('RGB')
    img = img.resize((224, 224), Image.BILINEAR)
    img = np.array(img).astype('float32')
    img = img.transpose((2, 0, 1))                       # HWC to CHW
    img = img/255                                        # 像素值归一化
return img
```

定义好预处理函数后，接下来我们可以随意找一张图片进行预处理并输入模型，观察模型分类结果。

```
para_state_dict = paddle.load("MyDNN")
model = MyDNN()
model.set_state_dict(para_state_dict)                    # 加载模型参数
```

```
model.eval()                                        #训练模式
infer_path = 'data/archive_test/alexandrite_3.jpg'
#对预测图片进行预处理
infer_img = load_image(infer_path)
infer_img = np.array(infer_imgs).astype('float32')
infer_img = infer_img[np.newaxis,:, : ,:]
out = model(paddle.to_tensor(infer_img))
lab = np.argmax(out.numpy())                        #argmax():返回最大数的索引
print("样本被预测为:{},真实标签为:
{}".format(label_dic[str(lab)],infer_path.split('/')[-1].split("_")[0]))
```

实践八：基于卷积神经网络的美食识别

本实践中，我们使用卷积神经网络(CNN)解决美食图片的分类问题。CNN 本质上是一个多层感知机，其成功的原因关键在于它所采用的局部连接和共享权值的方式，一方面减少了权值的数量使得网络易于优化，另一方面降低了过拟合的风险。

本实践代码运行的环境配置如下：Python 版本为 3.7，飞桨版本为 2.0.0，操作平台为 AI Studio。

步骤 1：美食图片数据集介绍与加载

本实践使用的数据集包含 5000 余张格式为 jpg 的三通道彩色图像，共 5 种食物类别。对于本实践中的数据包，具体处理与加载方式宝石分类实践基本相同，主要步骤如下：

首先，我们定义 unzip_data()对数据集的压缩包进行解压，解压后可以观察到数据集文件夹结构如图 2.5 所示。

```
aistudio@jupyter-44484-2011726:~/data/foods$ tree -L 1
.
├── apple_pie
├── baby_back_ribs
├── baklava
├── beef_carpaccio
└── beef_tartare
```

图 2.5　数据集结构

然后，定义 get_data_list()遍历文件夹和图片，按照一定比例将数据换分为训练集和验证集，并生成对应的 train.txt、eval.txt，如图 2.6 所示为 train.txt 示例表，每一行代表一个训练样本，左侧为图片路径，右侧为对应标签。

```
/home/aistudio/data/foods/apple_pie/2328227.jpg 1
/home/aistudio/data/foods/beef_carpaccio/1932385.jpg    0
/home/aistudio/data/foods/baby_back_ribs/2275499.jpg    3
/home/aistudio/data/foods/apple_pie/2602468.jpg 1
/home/aistudio/data/foods/baby_back_ribs/2878757.jpg    3
/home/aistudio/data/foods/apple_pie/1097378.jpg 1
/home/aistudio/data/foods/beef_tartare/1577426.jpg  2
```

图 2.6　train.txt 示例表

接下来，定义一个数据加载器 FoodDataset，用于加载训练和评估时要使用的数据；数据加载器定义方式与 Reader 定义方式相同，具体代码可参考实践七。

最后，利用 paddle.io.DataLoader()方法定义训练数据加载器 train_loader 和验证数据加载器 eval_loader，并设置 batch_size 大小。

```
#训练数据加载
train_dataset = FoodDataset(data_path = 'data/',mode = 'train')
train_loader = paddle.io.DataLoader(train_dataset, batch_size = train_parameters['train_
batch_size'], shuffle = True)
#测试数据加载
eval_dataset = FoodDataset(data_path = 'data/',mode = 'eval')
eval_loader = paddle.io.DataLoader(eval_dataset, batch_size = 8, shuffle = False)
```

步骤 2：自定义卷积神经网络

本任务使用的卷积网络结构(CNN)，输入的是归一化后的 RGB 图像样本，每张图像的尺寸被裁切成了 64×64，经过三次“卷积-池化”操作，最后连接一个输出层，具体模型结构如图 2.7 所示。

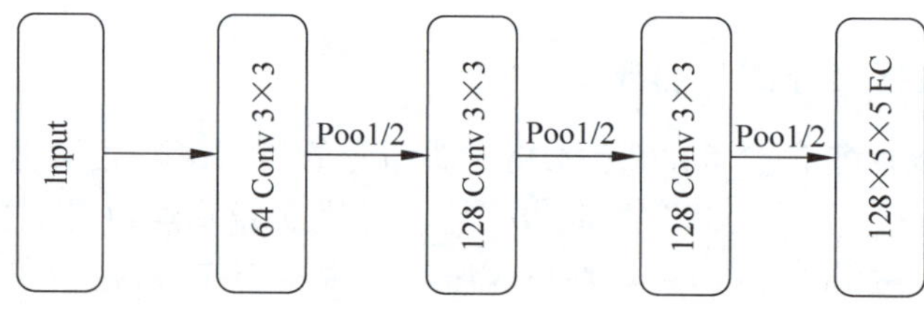

图 2.7　CNN 网络结构

在了解了本实践的网络结构后，接下来就可以使用飞桨深度学习框架来搭建该网络来解决美食识别的问题。

在本节新出现的接口有：

```
paddle.nn.Conv2D(in_channels,
                 out_channels,
                 kernel_size,
                 stride = 1,
                 padding = 0,
                 dilation = 1,
                 groups = 1,
                 padding_mode = 'zeros',
                 weight_attr = None,
                 bias_attr = None,
                 data_format = 'NCHW'):
```

是用来构建二维卷积层(convolution2d layer)的 API，根据输入、卷积核大小与个数、步长(stride)、填充(padding)、空洞大小(dilations)一组参数计算并输出特征图。输入和输出是 NCHW 或 NHWC 格式，其中 N 是批尺寸，C 是通道数，H 是特征高度，W 是特征宽度。卷

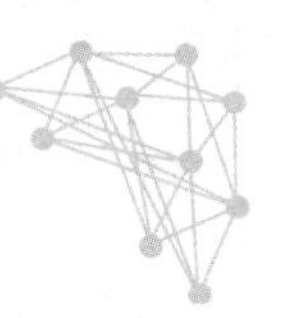

积核是 MCHW 格式,M 是输出图像通道数,C 是输入图像通道数,H 是卷积核高度,W 是卷积核宽度。

- in_channels(int):输入图像的通道数。
- out_channels(int):由卷积操作产生的输出的通道数。
- kernel_size(int|list|tuple):卷积核大小。可以为单个整数或包含两个整数的元组或列表,分别表示卷积核的高和宽。如果为单个整数,表示卷积核的高和宽都等于该整数。
- stride(int|list|tuple,可选):步长大小。可以为单个整数或包含两个整数的元组或列表,分别表示卷积沿着高和宽的步长。如果为单个整数,表示沿着高和宽的步长都等于该整数。默认值:1。
- padding(int|list|tuple|str,可选):填充大小。如果它是一个字符串,可以是"VALID"或者"SAME",表示填充算法。如果它是一个元组或列表,它可以有 3 种格式:①包含 4 个二元组:当 data_format 为"NCHW"时为[[0,0],[0,0],[padding_height_top,padding_height_bottom],[padding_width_left,padding_width_right]],当 data_format 为"NHWC"时为[[0,0],[padding_height_top,padding_height_bottom],[padding_width_left,padding_width_right],[0,0]];②包含 4 个整数值:[padding_height_top,padding_height_bottom,padding_width_left,padding_width_right];③包含 2 个整数值:[padding_height,padding_width],此时 padding_height_top=padding_height_bottom=padding_height,padding_width_left=padding_width_right=padding_width。若为一个整数,padding_height=padding_width=padding。默认值:0。
- dilation(int|list|tuple,可选):空洞大小。可以为单个整数或包含两个整数的元组或列表,分别表示卷积核中的元素沿着高和宽的空洞。如果为单个整数,表示高和宽的空洞都等于该整数。默认值:1。
- groups(int,可选):二维卷积层的组数。根据 Alex Krizhevsky 的深度卷积神经网络(CNN)论文中的成组卷积:当 group=n,输入和卷积核分别根据通道数量平均分为 n 组,第一组卷积核和第一组输入进行卷积计算,第二组卷积核和第二组输入进行卷积计算……第 n 组卷积核和第 n 组输入进行卷积计算。默认值:1。
- padding_mode(str,可选):填充模式。包括'zeros','reflect','replicate'或者'circular'。默认值:'zeros'。
- weight_attr(ParamAttr,可选):指定权重参数属性的对象。默认值为 None,表示使用默认的权重参数属性。
- bias_attr(ParamAttr|bool,可选):指定偏置参数属性的对象。若 bias_attr 为 bool 类型,只支持为 False,表示没有偏置参数。默认值为 None,表示使用默认的偏置参数属性。
- data_format(str,可选):指定输入的数据格式,输出的数据格式将与输入保持一致,可以是"NCHW"和"NHWC"。N 是批尺寸,C 是通道数,H 是特征高度,W 是特征宽度。默认值:"NCHW"。

```
paddle.nn.MaxPool2D(kernel_size,
                    stride = None,
                    padding = 0,
                    ceil_mode = False,
                    return_mask = False,
                    data_format = 'NCHW',
                    name = None):
```

用于构建 *MaxPool2D* 类的一个可调用对象，其将构建一个二维最大池化层，根据输入 *kernel_size*，*stride*，*padding* 等参数对输入做最大池化操作。

- kernel_size(int|list|tuple)：池化核大小。如果它是一个元组或列表，它必须包含两个整数值，(pool_size_Height，pool_size_Width)。若为一个整数，则它的平方值将作为池化核大小，比如若 pool_size=2，则池化核大小为 2×2。
- stride(int|list|tuple，可选)：池化层的步长。如果它是一个元组或列表，它将包含两个整数，(pool_stride_Height，pool_stride_Width)。若为一个整数，则表示 H 和 W 维度上 stride 均为该值。默认值为 None，这时会使用 kernel_size 作为 stride。
- padding(str|int|list|tuple，可选)：池化填充。如果它是一个字符串，可以是"VALID"或者"SAME"，表示填充算法。如果它是一个元组或列表，它可以有 3 种格式：①包含两个整数值：[pad_height，pad_width]；②包含 4 个整数值：[pad_height_top，pad_height_bottom，pad_width_left，pad_width_right]；③包含 4 个二元组：当 data_format 为"NCHW"时为[[0，0]，[0，0]，[pad_height_top，pad_height_bottom]，[pad_width_left，pad_width_right]]，当 data_format 为"NHWC"时为[[0，0]，[pad_height_top，pad_height_bottom]，[pad_width_left，pad_width_right]，[0，0]]。若为一个整数，则表示 H 和 W 维度上均为该值。默认值：0。
- ceil_mode(bool，可选)：是否用 ceil 函数计算输出高度和宽度。如果是 True，则使用 *ceil* 计算输出形状的大小。
- return_mask(bool，可选)：是否返回最大索引和输出。默认为 False。
- data_format(str，可选)：输入和输出的数据格式，可以是"NCHW"和"NHWC"。

N 是批尺寸，C 是通道数，H 是特征高度，W 是特征宽度。默认值："NCHW"。

- name(str，可选)：函数的名字，默认为 None。

定义 CNN 网络结构与实践七部分相似，通过 init 函数定义网络中每一层的结构，并通过 forward 函数决定网络层之间的先后顺序。不同的是，在设计卷积层、池化层的时候我们要考虑卷积核的大小、步长以及 padding 的方式来计算卷积后特征图的分辨率。因为，在最后我们需要计算特征图的大小，以决定用于分类的全连接层的输入维度。同时还要保证前一层的卷积层输出的通道数要与后一层卷积层输入通道数相同。

```
import paddle.nn as nn
#定义卷积网络
class MyCNN(nn.Layer):
  def __init__(self):
    super(MyCNN,self).__init__()
    self.conv0 = nn.Conv2D(in_channels = 3,
```

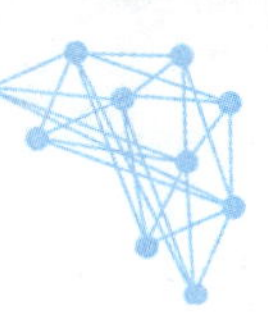

```
                        out_channels = 64,
                        kernel_size = 3,
                        padding = 0,
                        stride = 1)
            self.pool0 = nn.MaxPool2D(kernel_size = 2, stride = 2)
            self.conv1 = nn.Conv2D(in_channels = 64,
out_channels = 128,
kernel_size = 4,
padding = 0,
stride = 1)
            self.pool1 = nn.MaxPool2D(kernel_size = 2, stride = 2)
            self.conv2 = nn.Conv2D(in_channels = 128,
out_channels = 128,
kernel_size = 5,
padding = 0)
            self.pool2 = nn.MaxPool2D(kernel_size = 2, stride = 2)
            self.fc1 = nn.Linear(in_features = 128 * 5 * 5, out_features = 5)
        def forward(self, input):
            x = self.conv0(input)
            x = self.pool0(x)
            x = self.conv1(x)
            x = self.pool1(x)
            x = self.conv2(x)
            x = self.pool2(x)
            x = paddle.reshape(x, shape = [ - 1,50 * 5 * 5])
            y = self.fc1(x)
            return y
```

步骤 3：模型训练与评估

我们已经定义好 MyCNN 模型结构，接下来实例化一个模型并进行迭代训练，具体代码如下。

```
model = MyCNN()                                        # 模型实例化
model.train()                                          # 训练模式
cross_entropy = paddle.nn.CrossEntropyLoss()
opt = paddle.optimizer.SGD(learning_rate = 0.001, parameters = model.parameters())
epochs_num = train_parameters['num_epochs']            #迭代次数
for pass_num in range(train_parameters['num_epochs']):
    for batch_id,data in enumerate(train_loader()):
        image = data[0]
        label = data[1]
        predict = model(image)                         #数据传入 model
        loss = cross_entropy(predict,label)
        acc = paddle.metric.accuracy(predict,label.reshape([ - 1,1])) #计算精度
        if batch_id!= 0 and batch_id % 10 == 0:
            print("epoch:{},step:{},train_loss:{},train_acc:{}".format(pass_num,batch_id,loss.
numpy()[0],acc.numpy()[0]))
        loss.backward()
        opt.step()
```

```
        opt.clear_grad()                                   #opt.clear_grad()来重置梯度
    paddle.save(model.state_dict(),'MyCNN')                #保存模型
```

保存模型之后，接下来我们对模型进行评估。模型评估就是在验证数据集上计算模型输出结果的准确率。与训练部分代码不同，评估模型时不需要进行参数优化，因此，需要使用验证模式，具体代码如下。

```
#模型评估
para_state_dict = paddle.load("MyCNN")
model = MyCNN()
model.set_state_dict(para_state_dict)                      #加载模型参数
model.eval()                                               #验证模式

accs = []

for batch_id,data in enumerate(eval_loader()):             #测试集
    image = data[0]
    label = data[1]
    predict = model(image)
    acc = paddle.metric.accuracy(predict,label)
    accs.append(acc.numpy()[0])
    avg_acc = np.mean(accs)
print("当前模型在验证集上的准确率为:",avg_acc)
```

实践九：基于 VGG-16 的中草药识别

本次实践我们使用 VGG 网络模型解决中草药的分类问题。VGG 是牛津大学计算机视觉组和 Google DeepMind 公司的研究员仪器研发的深度卷积神经网络。VGG 主要探究了卷积神经网络的深度和其性能之间的关系，通过反复堆叠 3×3 的小卷积核和 2×2 的最大池化层，VGGNet 成功地搭建了 16～19 层的深度卷积神经网络，通过不断加深网络来提升性能。

本实践代码运行的环境配置如下：Python 版本为 3.7，飞桨版本为 2.0.0，操作平台为 AI Studio。

步骤 1：中草药识别数据集准备

本实践使用的数据集包含 900 余张格式为 jpg 的三通道彩色图像，共 5 种中草药类别。我们在 AI Studio 上提供了本实践的数据集压缩包 Chinese Medicine.zip。对于本实践中的数据包，具体处理与加载方式宝石分类实践基本相同(代码可参考实践七内容)，主要步骤如下：

首先，我们定义 unzip_data()对数据集的压缩包进行解压，解压后可以观察到数据集文件夹结构如图 2.8 所示。

然后，定义 get_data_list()遍历文件夹和图片，按照一定比例将数据换分为训练集和验证集，并生成图片 label、train.txt、eval.txt，如图 2.9 所示。

```
aistudio@jupyter-44484-2011752:~/data/Chinese Medicine$ tree -L 1
.
├── baihe
├── dangshen
├── gouqi
├── huaihua
└── jinyinhua
```

图 2.8　数据集结构

```
/home/aistudio/data/Chinese Medicine/jinyinhua/jyh_129.jpg 0
/home/aistudio/data/Chinese Medicine/dangshen/dangshen_32.jpg    1
/home/aistudio/data/Chinese Medicine/gouqi/cgcjyfyj (2).jpg 2
/home/aistudio/data/Chinese Medicine/gouqi/u=1010307075,2293841367&fm=26&gp=0.jpg    2
/home/aistudio/data/Chinese Medicine/huaihua/huaihua_61.jpg 3
/home/aistudio/data/Chinese Medicine/dangshen/dangshen_157.jpg   1
/home/aistudio/data/Chinese Medicine/dangshen/dangshen_122.jpg   1
/home/aistudio/data/Chinese Medicine/dangshen/dangshen_144.jpg   1
/home/aistudio/data/Chinese Medicine/gouqi/cgcjyfyj (34).jpg     2
```

图 2.9　数据列表

接下来，定义一个数据加载器 dataset，用于加载训练和评估时要使用的数据。数据加载器定义方式与实践七中 Reader 定义方式相同。

最后，利用 paddle.io.DataLoader()方法定义训练数据加载器 train_loader 和验证数据加载器 eval_loader，并设置 batch_size 大小。

```
#训练数据加载
train_dataset = dataset('/home/aistudio/data',mode = 'train')
train_loader = paddle.io.DataLoader(train_dataset, batch_size = 16, shuffle = True)
#测试数据加载
eval_dataset = dataset('/home/aistudio/data',mode = 'eval')
eval_loader = paddle.io.DataLoader(eval_dataset, batch_size = 8, shuffle = False
```

步骤 2：VGG-16 网络搭建

VGGNet 引入"模块化"的设计思想，将不同的层进行简单的组合构成网络模块，再用模块来组装成完整网络，而不再是以"层"为单元组装网络。本次实践使用的是 VGG-16 网络模型，输入是归一化后的 RGB 图像样本，每张图像的尺寸被裁切成 224×224，使用 ReLU 作为激活函数，在全连接层使用 Dropout 防止过拟合。VGGNet 中所有的 3 * 3 卷积(conv3)都是等长卷积(步长 1，填充 1)，因此特征图的尺寸在模块内是不变的。特征图每经过一次池化，其高度和宽度减少一半，作为弥补，其通道数增加一倍，最后通过全连接与 Softmax 层输出结果。VGG-16 结构如图 2.10 所示。

在了解了 VGG-16 的网络结构后，接下来就可以使用飞桨深度学习框架来搭建一个 VGG-16 网络解决中草药识别问题。

在本节实验中，我们介绍一些新出现的接口和需要调用父类 paddle.nn.Layer 的一些函数：

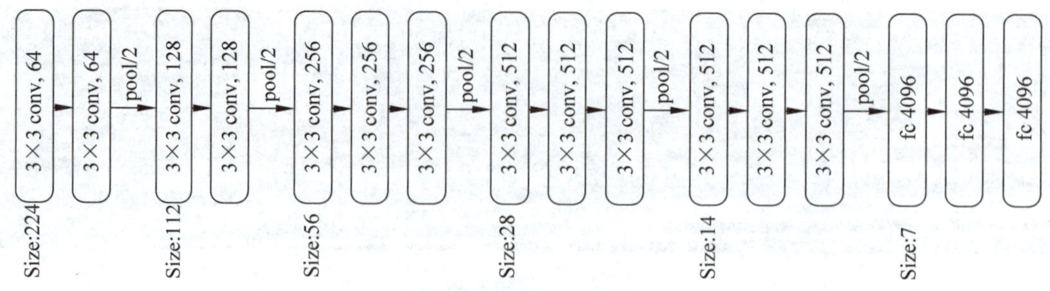

图 2.10 VGG 网络结构

```
paddle.optimizer.Adam(learning_rate = 0.001,
                      beta1 = 0.9,
                      beta2 = 0.999,
                      epsilon = 1e - 08,
                      parameters = None,
                      weight_decay = None,
                      grad_clip = None,
                      name = None,
                      lazy_mode = False)
```

该接口能够利用梯度的一阶矩估计和二阶矩估计动态调整每个参数的学习率。

- learning_rate(float|_LRScheduler)：学习率。用于参数更新的计算。可以是一个浮点型值或者一个_LRScheduler 类，默认值为 0.001。
- beta1(float|Tensor，可选)：一阶矩估计的指数衰减率。这是一个 float 类型或者一个 shape 为[1]，数据类型为 float32 的 Tensor 类型。默认值为 0.9。
- beta2(float|Tensor，可选)：二阶矩估计的指数衰减率。这是一个 float 类型或者一个 shape 为[1]，数据类型为 float32 的 Tensor 类型。默认值为 0.999。
- epsilon(float，可选)：保持数值稳定性的短浮点类型值，默认值为 1e-08。
- parameters(list，可选)：指定优化器需要优化的参数。在动态图模式下必须提供该参数；在静态图模式下默认值为 None，这时所有的参数都将被优化。
- weight_decay(float|WeightDecayRegularizer，可选)：正则化方法。可以是 float 类型的 L2 正则化系数或者正则化策略：cn_api_fluid_regularizer_L1Decay、cn_api_fluid_regularizer_L2Decay。如果一个参数已经在 ParamAttr 中设置了正则化，这里的正则化设置将被忽略；如果没有在 ParamAttr 中设置正则化，这里的设置才会生效。默认值为 None，表示没有正则化。
- grad_clip(GradientClipBase，可选)：梯度裁剪的策略，支持三种裁剪策略：paddle.nn.ClipGradByGlobalNorm、paddle.nn.ClipGradByNorm、paddle.nn.ClipGradByValue。默认值为 None，此时将不进行梯度裁剪。
- name(str，可选)：该参数供开发人员打印调试信息时使用，默认值为 None。
- lazy_mode(bool，可选)：设为 True 时，仅更新当前具有梯度的元素。官方 Adam 算法有两个移动平均累加器(moving-average accumulators)。累加器在每一步都会更新。在密集模式和稀疏模式下，两条移动平均线的每个元素都会更新。如果参数非

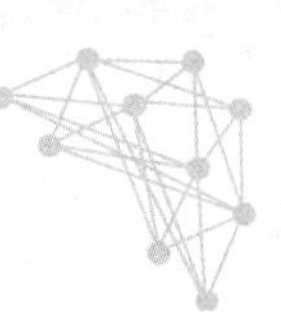

常大，那么更新可能很慢。lazy mode 仅更新当前具有梯度的元素，所以它会更快。但是这种模式与原始的算法有不同的描述，可能会导致不同的结果，默认为 False。

add_sublayer(name，sublayer)：添加子层实例。可以通过 self. name 访问该 sublayer。

- name(str)：子层名。
- sublayer(Layer)：Layer 实例。
- sublayers(include_self=False)：返回一个由所有子层组成的列表。
- include_self(bool，可选)：是否包含本层。如果为 True，则包括本层。默认值：False。
- named_children()：返回所有子层的迭代器，生成子层名称和子层的元组。

首先，根据"模块化"的思想，我们定义 VGG-16 要使用的"卷积池化"模块 Convpool。在这部分，我们通过 add_sublayer 创建 VGG 模块的网络层列表，其中包含卷积、ReLU、池化，并在 forward 中通过 named_children()搭建模块中网络层的先后顺序，具体代码如下。

```
class ConvPool(paddle.nn.Layer):
    '''卷积 + 池化'''
    def __init__(self,num_channels,num_filters,filter_size,
        pool_size,pool_stride,groups,conv_stride = 1,
            conv_padding = 1):
        super(ConvPool, self).__init__()
        for i in range(groups):self.add_sublayer(         #添加子层实例'bb_%d' % i,
            paddle.nn.Conv2D(
            in_channels = num_channels,                   #通道数
            out_channels = num_filters,                   #卷积核个数
            kernel_size = filter_size,                    #卷积核大小
            stride = conv_stride,                         #步长
            padding = conv_padding,                       #padding
            ))
        self.add_sublayer(
            'relu%d' % i,
            paddle.nn.ReLU()
        )
        num_channels = num_filters
    self.add_sublayer(
        'Maxpool',
        paddle.nn.MaxPool2D(
        kernel_size = pool_size,                          #池化核大小
        stride = pool_stride                              #池化步长
        )
    )
def forward(self, inputs):
    x = inputs
    for prefix, sub_layer in self.named_children():
        x = sub_layer(x)
    return x
```

接下来，我们利用 Convpool 模块定义 VGG-16 网络模型，在 init 中多次调用 Convpool 模块，生成 VGG-16 的每一个模块实例，再通过 forward 函数顺序搭建起来，具体代码如下。

```
class VGGNet(paddle.nn.Layer):
    def __init__(self):
        super(VGGNet, self).__init__()
        self.convpool01 = ConvPool(
            3, 64, 3, 2, 2, 2)    #3:通道数,64:卷积核个数,3:卷积核大小,2:池化核大小,2:池化步长,
                                   2:连续卷积个数
        self.convpool02 = ConvPool(
            64, 128, 3, 2, 2, 2)
        self.convpool03 = ConvPool(
            128, 256, 3, 2, 2, 3)
        self.convpool04 = ConvPool(
            256, 512, 3, 2, 2, 3)
        self.convpool05 = ConvPool(
            512, 512, 3, 2, 2, 3)
        self.pool_5_shape = 512 * 7 * 7
        self.fc01 = paddle.nn.Linear(self.pool_5_shape, 4096)
        self.fc02 = paddle.nn.Linear(4096, 4096)
        self.fc03 = paddle.nn.Linear(4096, train_parameters['class_dim'])

    def forward(self, inputs, label = None):
        """前向计算"""
        out = self.convpool01(inputs)
        out = self.convpool02(out)
        out = self.convpool03(out)
        out = self.convpool04(out)
        out = self.convpool05(out)
        out = paddle.reshape(out, shape = [-1, 512 * 7 * 7])
        out = self.fc01(out)
        out = self.fc02(out)
        out = self.fc03(out)
        if label is not None:
            acc = paddle.metric.accuracy(input = out, label = label)
            return out, acc
        else:
            return out
```

步骤 3：模型训练与评估

我们已经定义好 VGGNet 模型结构，接下来实例化一个模型并进行迭代训练，具体代码如下。

```
model = VGGNet()
model.train()
cross_entropy = paddle.nn.CrossEntropyLoss()
optimizer = paddle.optimizer.Adam(learning_rate = train_parameters['learning_strategy']['lr'],
parameters = model.parameters())

steps = 0
Iters, total_loss, total_acc = [], [], []
```

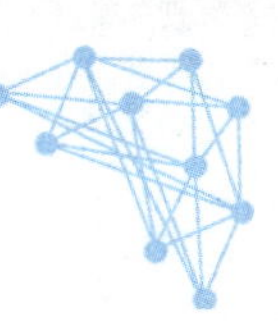

```
for epo in range(train_parameters['num_epochs']):
  for _, data in enumerate(train_loader()):
    steps += 1
    x_data = data[0]
    y_data = data[1]
    predicts, acc = model(x_data, y_data)
    loss = cross_entropy(predicts, y_data)
    loss.backward()
    optimizer.step()
    optimizer.clear_grad()
    if steps % train_parameters["skip_steps"] == 0:
      Iters.append(steps)
      total_loss.append(loss.numpy()[0])
      total_acc.append(acc.numpy()[0])
      #打印中间过程
      print('epo: {}, step: {}, loss is: {}, acc is: {}'.format(epo, steps, loss.numpy(), acc.numpy()))
    #保存模型参数
    if steps % train_parameters["save_steps"] == 0:
      save_path = train_parameters["checkpoints"] + "/" + "save_dir_" + str(steps) + '.pdparams'
      paddle.save(model.state_dict(),save_path)
paddle.save(model.state_dict(),train_parameters["checkpoints"] + "/" + "save_dir_final.
pdparams")
```

保存模型之后,接下来我们对模型进行评估。模型评估就是在验证数据集上计算模型输出结果的准确率。与训练部分代码不同,评估模型时不需要进行参数优化,因此,需要使用验证模式,具体代码如下。

```
model__state_dict = paddle.load('work/checkpoints/save_dir_final.pdparams')
model_eval = VGGNet()
model_eval.set_state_dict(model__state_dict)
model_eval.eval()
accs = []
for _, data in enumerate(eval_loader()):
  x_data = data[0]
  y_data = data[1]
  predicts = model_eval(x_data)
  acc = paddle.metric.accuracy(predicts, y_data)
  accs.append(acc.numpy()[0])
print('模型在验证集上的准确率为:',np.mean(accs))
```

实践十: 基于 ResNet-50 的 CIFAR-10 数据分类

步骤 1: CIFAR-10 数据集介绍与使用

本实践使用的是 CIFAR-10 数据集,该数据集是由 Hinton 的学生 Alex Krizhevsky 和 Ilya Sutskever 整理的一个用于识别普适物体的小型数据集。数据集中一共包含 10 个类别的 RGB 彩色图片: 飞机(airplane)、汽车(automobile)、鸟类(bird)、猫(cat)、鹿(deer)、狗

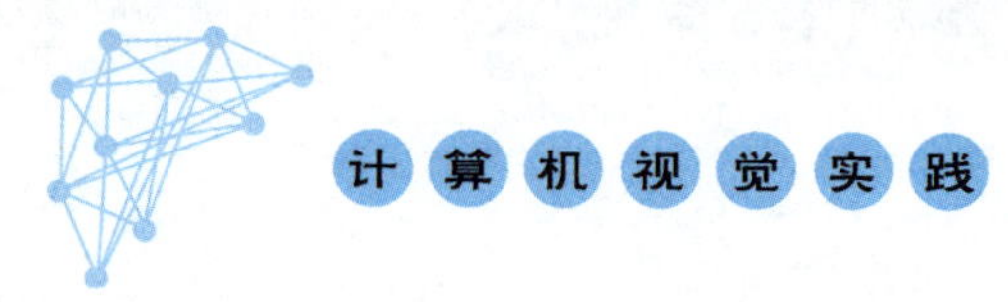

(dog)、蛙类(frog)、马(horse)、船(ship)和卡车(truck)。每个图片的尺寸为 32×32,每个类别有 6000 个图像,数据集中一共有 50 000 张训练图片和 10 000 张测试图片。

CIFAR-10 数据是一个非常经典的数据集,飞桨框架中对该数据集进行了内置。因此,调用飞桨提供的 paddle. vision. datasets. Cifar10()接口就可以直接使用该数据集。paddle. vision. datasets. Cifar10()接口的参数 mode 用来设定选择加载训练数据或测试数据,参数 transform 用来设定图像的预处理方式。ToTensor()函数可以将 PIL. Image 或 numpy. ndarray 转换成 paddle. Tensor。Cifar10 数据加载的代码如下所示。

```
train_dataset = paddle.vision.datasets.Cifar10(mode = 'train',transform = ToTensor())
eval_dataset = paddle.vision.datasets.Cifar10(mode = 'test',transform = ToTensor())
```

步骤 2:ResNet-50 模型

ResNet 全名 Residual Network 残差网络。经典的 ResNet 结构有 ResNet18、ResNet34、ResNet50 等,其结构如图 2.11 所示。

layer name	output size	18-layer	34-layer	50-layer	101-layer	152-layer
conv1	112×112	7×7,64, stride2				
		3×3 max pool, stride 2				
conv2_x	56×56	$\begin{bmatrix}3\times3,64\\3\times3,64\end{bmatrix}\times2$	$\begin{bmatrix}3\times3,64\\3\times3,64\end{bmatrix}\times3$	$\begin{bmatrix}1\times1,64\\3\times3,64\\1\times1,256\end{bmatrix}\times3$	$\begin{bmatrix}1\times1,64\\3\times3,64\\1\times1,256\end{bmatrix}\times3$	$\begin{bmatrix}1\times1,64\\3\times3,64\\1\times1,256\end{bmatrix}\times3$
conv3_x	28×28	$\begin{bmatrix}3\times3,128\\3\times3,128\end{bmatrix}\times2$	$\begin{bmatrix}3\times3,128\\3\times3,128\end{bmatrix}\times4$	$\begin{bmatrix}1\times1,128\\3\times3,128\\1\times1,512\end{bmatrix}\times4$	$\begin{bmatrix}1\times1,128\\3\times3,128\\1\times1,512\end{bmatrix}\times4$	$\begin{bmatrix}1\times1,128\\3\times3,128\\1\times1,512\end{bmatrix}\times8$
conv4_x	14×14	$\begin{bmatrix}3\times3,256\\3\times3,256\end{bmatrix}\times2$	$\begin{bmatrix}3\times3,256\\3\times3,256\end{bmatrix}\times6$	$\begin{bmatrix}1\times1,256\\3\times3,256\\1\times1,1024\end{bmatrix}\times6$	$\begin{bmatrix}1\times1,256\\3\times3,256\\1\times1,1024\end{bmatrix}\times23$	$\begin{bmatrix}1\times1,256\\3\times3,256\\1\times1,1024\end{bmatrix}\times36$
conv5_x	7×7	$\begin{bmatrix}3\times3,512\\3\times3,512\end{bmatrix}\times2$	$\begin{bmatrix}3\times3,512\\3\times3,512\end{bmatrix}\times3$	$\begin{bmatrix}1\times1,512\\3\times3,512\\1\times1,2048\end{bmatrix}\times3$	$\begin{bmatrix}1\times1,512\\3\times3,512\\1\times1,2048\end{bmatrix}\times3$	$\begin{bmatrix}1\times1,512\\3\times3,512\\1\times1,2048\end{bmatrix}\times3$
	1×1	average pool, 1000-d fc, softmax				
FLOPs		1.8×10^9	3.6×10^9	3.8×10^9	7.6×10^9	11.3×10^9

图 2.11 ResNet 网络结构

本实践使用 ResNet50 结构。在 ResNet50 结构中,首先是一个卷积核大小为 7 * 7 卷积层;接下来是 4 个 Block 结构,其中每个 block 都包含 3 个卷积层,具体参数如图 2.11 中所示;最后是一个用于分类的全连接层。

飞桨框架对于计算机视觉领域内置集成了很多经典模型,可以通过如下代码进行查看。

```
print('飞桨内置网络:', paddle.vision.models.__all__)
```

通过查看结果,可以看到 ResNet50 已经内置,通过如下代码可以直接获取模型实例。

```
model = paddle.vision.models.resnet50()          # 获取模型实例
paddle.summary(model,(1,3,32,32))                # 打印模型参数结构
```

步骤 3:模型训练与评估

对于模型的训练和评估,除了之前章节中介绍的方法外,飞桨框架还提供了便捷的高层

API，本部分将展示使用高层 API 对模型进行训练和评估。

首先，需要用 paddle.Model()方法封装实例化的模型；

```
# 用 Model 封装模型
model = paddle.Model(model)
```

然后，通过 Model 对象的 prepare 方法对优化方法、损失函数、评估方法进行设置；

```
# 定义损失函数
model.prepare(optimizer = paddle.optimizer.Adam(parameters = model.parameters()),
        loss = paddle.nn.CrossEntropyLoss(),
        metrics = paddle.metric.Accuracy())
```

最后，通过 Model 对象的 fit 方法对训练数据、验证数据、训练轮次、批次大小、日志打印、模型保存等参数进行设置，并进行模型训练和评估。具体代码如下所示。

```
# 启动模型全流程训练
model.fit(train_dataset,                    # 训练数据集
  eval_dataset,                             # 评估数据集
  epochs = epoch_num,                       # 总的训练轮次
  batch_size = batch_size,                  # 批次计算的样本量大小
  shuffle = True,                           # 是否打乱样本集
  verbose = 1,                              # 日志展示格式
    save_dir = './chk_points/',             # 分阶段的训练模型存储路径
    )
```

运行输出结果示例如图 2.12 所示。

```
The loss value printed in the log is the current step, and the metric is the average value of previous step.
Epoch 1/1
step 782/782 [==============================] - loss: 1.1956 - acc: 0.5071 - 106ms/step
save checkpoint at /home/aistudio/chk_points/0
Eval begin...
The loss value printed in the log is the current batch, and the metric is the average value of previous step.
step 157/157 [==============================] - loss: 1.7141 - acc: 0.4521 - 90ms/step
Eval samples: 10000
save checkpoint at /home/aistudio/chk points/final
```

图 2.12　训练过程

我们也可以单独调用 Model 对象的 evaluate 方法对模型进行评估，代码如下。

```
model.evaluate(eval_dataset, batch_size = batch_size, verbose = 1)
```

运行结果示例如图 2.13 所示。

```
Eval begin...
The loss value printed in the log is the current batch, and the metric is the average value of previous step
step 157/157 [==============================] - loss: 1.7141 - acc: 0.4521 - 65ms/step
Eval samples: 10000
{'loss': [1.7140898], 'acc': 0.4521}
```

图 2.13　验证过程

第3章 目标检测

目标检测任务是找出图像中存在的预定义类别目标(物体)实例,并确定它们的位置、大小和类别,如图3.1所示。虽然基于深度学习的目标检测当前是工业应用中的一个新兴工具,但其已经在人脸检测、智能计数、视觉搜索引擎以及航拍图像分析等应用领域中发挥着不可替代的作用。基于深度学习的目标检测,因其可以在不同场景下检测并识别可变数目的多种目标这一强大特性,大幅度地促进了这些产业的发展。

图3.1 目标检测

传统的目标检测方法(目标提取方法)一般情况下分为三个阶段:第一阶段,在给定的图像上选择若干候选区域;第二阶段,通过各种方法对候选区域进行所需特征的提取;第三阶段,使用经过预处理的分类器或者回归器对特征进行分类。其中,区域选择是通过使用不同尺寸的窗口在图像中进行滑动操作选取图像的某一部分作为候选区域;特征提取,是提取每个候选区域的人工设计的视觉特征,但是由于人工特征是根据目标的形状、颜色、纹理、边缘等因素设计的,具有很强的针对性。因此,为了检测不同的目标会设计和使用不同的特征,比如人脸检测任务中使用的Haar特征,行人检测任务中常用HOG特征。特征提取器所提取特征的质量将直接影响到分类器或者回归器的准确性,但是设计一个适用于多类目标且鲁棒性较好的特征是比较难的。综上,可以看出,传统目标提取方法具有两个缺点:一是区域选择策略;二是人工设计特征的局限性。

目前,基于深度学习的目标检测方法从过程上可以大致分成两类:①两阶段目标检测算法，其将目标提取过程主要分为两个阶段：第一个阶段是产生候选区域(region proposals)，得到可能存在目标的区域；第二阶段是修正候选区域中的目标位置并判断目标类别，这类算法的典型代表是基于区域(region-based)的 R-CNN 系列算法，包含 R-CNN、Fast R-CNN 和 Faster R-CNN 等。②一阶段目标检测算法，其移除了产生候选区域的阶段，直接从图像预测目标的位置和类别，这类算法的典型代表有：SSD、YOLO 等。评价目标检测模型的性能主要特点是模型的精度和速度两个方面。常见的用于评价检测模型的精度的指标为 mAP，AP 指的是某一类别 PR 曲线下的面积，将所有类别的 AP 求平均则是 mAP。而用来评价速度的指标则是 FPS，即一秒可以预测多少张图像。一般来说，由于两阶段目标检测算法包含了产生候选区域的步骤，所以相比于一阶段目标检测算法，两阶段的方法速度较慢但精度较高。而一阶段目标提取算法由于移除生成候选区域的阶段，相比于两阶段的目标检测算法，其具有更快的检测速度，但精度会相对较低。目前主流的目标检测算法还可以依据其是否需要先验候选框，划分为基于 Anchor 和不基于 Anchor 的两种。Anchor 的本质是先验框，在设计了不同尺度和比例的先验框后，网络会学习如何区分和修正这些先验框：是否包含 object、包含什么类别的 object，以及修正先验框的位置。但是，由于 Anchor 要先验的人为设定，设定的数目和尺寸都将会直接影响检测算法的效果。基于这种原因，很多人做出了改进，提出了 Anchor Free 的方法：CornerNet、CenterNet、ExtremeNet 等不依赖 Anchor 来实现目标检测的方法。

随着目标检测技术的飞速发展，目标检测为安防、无人驾驶、智能机器人等领域都提供了重要的技术，在学术界和工业界都得到了广泛的研究和应用。

实践十一：两阶段目标检测(Faster RCNN)

在实践中我们将使用 PaddleDetection 来实现 Faster RCNN 网络进行目标检测。

步骤 1：认识 PASCAL VOC 数据集

在 Faster RCNN 实践中，我们将使用在目标检测领域中十分著名和经典的数据集 PASCAL VOC 目标检测数据集。PASCAL VOC 挑战赛主要有分类、目标检测、图像分割、动作分类 这几类子任务。从 2005 到 2012 年，共举办了 8 个不同的挑战赛。PASCAL VOC 目标检测数据集包含 20 个类别，被看成目标检测问题的一个基准数据集。

PASCAL VOC 分为 2007 和 2012 两个部分，其中 VOC 2007 中包含 9963 张图片，共 24 640 个物体；VOC 2012 中包含 11 540 张图片，共 27 450 个对象。数据集共有 20 个类 person，bird，cat，cow，dog，horse，sheep，aeroplane，bicycle，boat，bus，car，motorbike，train，bottle，chair，dining table，potted plant，sofa，tv/monitor。

以 2007 数据集为例，数据集格式如图 3.2 所示，JPEGImages 目录下存放的是所有的图片，Annotations 文件下存储的是与图片对应的 xml 标注文件，ImageSets 下含三个子文件夹 Layout、Main、Segmentation，其中 Main 存放的是数据集划分的文件，分别对应训练、验证和测试集。

PASCAL VOC 创建了一个经典的目标检测标注格式，如图 3.3 所示。每个 object 代表图像中的一个目标实例，name 中是目标的类别，bndox 中存储着目标的位置(左上角，右下角)。

```
├── Annotations 进行 detection 任务时的标签文件，xml 形式，文件名与图片名一一对应
├── ImageSets 包含三个子文件夹 Layout、Main、Segmentation，其中 Main 存放的是分类和检测的数据集分割文件
├── JPEGImages 存放 .jpg 格式的图片文件
├── SegmentationClass 存放按照 class 分割的图片
└── SegmentationObject 存放按照 object 分割的图片

├── Main
│   ├── train.txt 写着用于训练的图片名称， 共 2501 个
│   ├── val.txt 写着用于验证的图片名称，共 2510 个
│   ├── trainval.txt train与val的合集。共 5011 个
│   ├── test.txt 写着用于测试的图片名称，共 4952 个
```

图 3.2　数据集结构

```
<annotation>
    <folder>VOC2007</folder>
    <filename>000001.jpg</filename>  # 文件名
    <source>
        <database>The VOC2007 Database</database>
        <annotation>PASCAL VOC2007</annotation>
        <image>flickr</image>
        <flickrid>341012865</flickrid>
    </source>
    <owner>
        <flickrid>Fried Camels</flickrid>
        <name>Jinky the Fruit Bat</name>
    </owner>
    <size>  # 图像尺寸，用于对 bbox 左上和右下坐标点做归一化操作
        <width>353</width>
        <height>500</height>
        <depth>3</depth>
    </size>
    <segmented>0</segmented>  # 是否用于分割
    <object>
        <name>dog</name>  # 物体类别
        <pose>Left</pose>  # 拍摄角度：front, rear, left, right, unspecified
        <truncated>1</truncated>  # 目标是否被截断（比如在图片之外），或者被遮挡（超过15%）
        <difficult>0</difficult>  # 检测难易程度，这个主要是根据目标的大小，光照变化，图片质量来判断
        <bndbox>
            <xmin>48</xmin>
            <ymin>240</ymin>
            <xmax>195</xmax>
            <ymax>371</ymax>
        </bndbox>
    </object>
    <object>
        <name>person</name>
        <pose>Left</pose>
        <truncated>1</truncated>
        <difficult>0</difficult>
        <bndbox>
            <xmin>8</xmin>
            <ymin>12</ymin>
            <xmax>352</xmax>
            <ymax>498</ymax>
        </bndbox>
    </object>
</annotation>
```

图 3.3　数据标注实例

PASCAL VOC 数据集可在其官网下载：http://host.robots.ox.ac.uk/pascal/VOC/。

步骤 2：PaddleDetection

PaddleDetection 飞桨目标检测开发套件，旨在帮助开发者更快更好地完成检测模型的组建、训练、优化及部署等全开发流程。

PaddleDetection 模块化地实现了多种主流目标检测算法，提供了丰富的数据增强策略、网络模块组件(如骨干网络)、损失函数等，并集成了模型压缩和跨平台高性能部署能力。

经过长时间产业实践打磨，PaddleDetection 已拥有顺畅、卓越的使用体验，被工业质检、遥感图像检测、无人巡检、新零售、互联网、科研等十多个行业广泛使用。如图 3.4 所示 PaddleDetection 实现关键点检测。

图 3.4　PaddleDetection 应用示例

同时 PaddleDetection 具有以下特点：

模型丰富：包含目标检测、实例分割、人脸检测等 100 多个预训练模型，涵盖多种全球竞赛冠军方案。

使用简洁：模块化设计，解耦各个网络组件，开发者轻松搭建、试用各种检测模型及优化策略，快速得到高性能、定制化的算法。

端到端打通：从数据增强、组网、训练、压缩、部署端到端打通，并完备支持云端/边缘端多架构、多设备部署。

高性能：基于飞桨的高性能内核，模型训练速度及显存占用优势明显。支持 FP16 训练和多机训练。

PaddleDetection 模型库如图 3.5 所示，可以实现一阶段目标检测方法：SSD、YOLOv3 和 PP-YOLO 等；两阶段目标检测方法：Faster RCNN、FPN 和 Cascade RCNN 等；实例分割模型 Mask RCNN、SOLOV2；以及人脸检测模型 FaceBoxes 等。

同时集成 VGG、ResNet、MobileNet 系列、Efficientnet 等一系列的经典和前沿的骨干网络和一些网络中所需的各种组件。除此之外，还集成了视觉任务的多种数据增强方式。

Architectures	Backbones	Components	Data Augmentation

• Two-Stage Detection
  ○ Faster RCNN
  ○ FPN
  ○ Cascade-RCNN
  ○ Libra RCNN
  ○ Hybrid Task RCNN
  ○ PSS-Det
• One-Stage Detection
  ○ RetinaNet
  ○ YOLOv3
  ○ YOLOv4
  ○ PP-YOLO
  ○ SSD
• Anchor Free
  ○ CornerNet-Squeeze
  ○ FCOS
  ○ TTFNet
• Instance Segmentation
  ○ Mask RCNN
  ○ SOLOv2
• Face-Detction
  ○ FaceBoxes
  ○ BlazeFace
  ○ BlazeFace-NAS
	• ResNet(&vd)
	• ResNeXt(&vd)
	• SENet
	• Res2Net
	• HRNet
	• Hourglass
	• CBNet
	• GCNet
	• DarkNet
	• CSPDarkNet
	• VGG
	• MobileNetv1/v3
	• GhostNet
	• Efficientnet
		• Common
		  ○ Sync-BN
		  ○ Group Norm
		  ○ DCNv2
		  ○ Non-local
		• FPN
		  ○ BiFPN
		  ○ BFP
		  ○ HRFPN
		  ○ ACFPN
		• Loss
		  ○ Smooth-L1
		  ○ GIoU/DIoU/CIoU
		  ○ IoUAware
		• Post-processing
		  ○ SoftNMS
		  ○ MatrixNMS
		• Speed
		  ○ FP16 training
		  ○ Multi-machine training
			• Resize
			• Flipping
			• Expand
			• Crop
			• Color Distort
			• Random Erasing
			• Mixup
			• Cutmix
			• Grid Mask
			• Auto Augment

图 3.5 PaddleDetection 模型库

步骤 3：使用 PaddleDetection 实现目标检测

(1) 准备环境。

首先需要通过 git 和 pip 命令下载并安装 PaddleDetection。

```
#PaddleDetection 的代码库下载,同时支持 github 源和 gitee 源,为了在国内网络环境更快下载,此处使用 gitee 源。
#! git clone https://github.com/PaddlePaddle/PaddleDetection.git
! git clone https://gitee.com/paddlepaddle/PaddleDetection.git
%cd PaddleDetection
# 安装其他依赖
! pip install paddledet==2.0.1 -i https://mirror.baidu.com/pypi/simple
```

(2) 数据下载。

通过执行 download_voc.py 下载数据。

```
! python PaddleDetection/dataset/voc/download_voc.py
```

(3) 执行训练。

通过 train. py 可以直接开始网络的训练，其中涉及的参数如图 3.6 所示，需要给定配置文件的路径：配置文件中存储着网络训练过程涉及的一些超参数。除此之外，还可以通过给定 trian 文件传入参数设置是否验证、是否加载预训练模型、是否进行模型压缩等。

```
! python tools/train.py -c \
./configs/faster_rcnn/faster_rcnn_r50_1x_coco.yml \
--eval --use_vdl=True --vdl_log_dir="./output"
```

FLAG	支持脚本	用途	默认值	备注
-c	ALL	指定配置文件	None	**必选**，例如-c configs/faster_rcnn/faster_rcnn_r50_fpn_1x_coco.yml
-o	ALL	设置或更改配置文件里的参数内容	None	相较于 `-c` 设置的配置文件有更高优先级，例如：`-o use_gpu=False`
--eval	train	是否边训练边测试	False	如需指定，直接 `--eval` 即可
-r/--resume_checkpoint	train	恢复训练加载的权重路径	None	例如：`-r output/faster_rcnn_r50_1x_coco/10000`
--slim_config	ALL	模型压缩策略配置文件	None	例如 `--slim_config configs/slim/prune/yolov3_prune_l1_norm.yml`
--use_vdl	train/infer	是否使用VisualDL记录数据，进而在VisualDL面板中显示	False	VisualDL需Python>=3.5
--vdl_log_dir	train/infer	指定 VisualDL 记录数据的存储路径	train: `vdl_log_dir/scalar` infer: `vdl_log_dir/image`	VisualDL需Python>=3.5
--output_eval	eval	评估阶段保存json路径	None	例如 `--output_eval=eval_output`，默认为当前路径
--json_eval	eval	是否通过已存在的bbox.json或者mask.json进行评估	False	如需指定，直接 `--json_eval` 即可，json文件路径在 `--output_eval` 中设置
--classwise	eval	是否评估单类AP和绘制单类PR曲线	False	如需指定，直接 `--classwise` 即可
--output_dir	infer/export_model	预测后结果或导出模型保存路径	`./output`	例如 `--output_dir=output`
--draw_threshold	infer	可视化时分数阈值	0.5	例如 `--draw_threshold=0.7`
--infer_dir	infer	用于预测的图片文件夹路径	None	`--infer_img` 和 `--infer_dir` 必须至少设置一个
--infer_img	infer	用于预测的图片路径	None	`--infer_img` 和 `--infer_dir` 必须至少设置一个，`infer_img` 具有更高优先级

图 3.6　训练参数列表

(4) 模型评估与预测。

通过执行 eval. py 开始验证模型，需要给定模型的配置文件和训练好的权重。

```
!python -u tools/eval.py \
-c ./configs/faster_rcnn/faster_rcnn_r50_1x_coco.yml \
-o weights=output/faster_rcnn_r50_1x_coco/best_model.pdparams
```

通过执行 infer. py 开始用模型进行预测，需要给定模型的配置文件、训练好的权重和用于预测的图像。

```
!python tools/infer.py -c ./configs/faster_rcnn/faster_rcnn_r50_1x_coco.yml  -o\
weights=output/faster_rcnn_r50_1x_coco/model_final.pdparams \
--infer_img=dataset/roadsign_voc/images/road114.png
```

实践十二：一阶段目标检测(YOLOv3)

R-CNN 系列算法需要先产生候选区域，再对候选区域进行分类和位置的预测，这类算法被称为两阶段目标检测算法。近几年，很多研究人员相继提出一系列关于一阶段的检测

算法，直接从图像中预测目标，从而涉及候选区域提议的过程。

Joseph Redmon 等人在 2015 年提出 YOLO(You Only Look Once, YOLO)算法，通常也被称为 YOLOv1；2016 年，他们对算法进行改进，又提出 YOLOv2 版本；2018 年开发出 YOLOv3 版本。

YOLOv3 使用了更深的特征提取网络 Daknet53，并通过反卷积和特征融合的方式在三个不同尺度特征图上进行预测。在预测部分，YOLOv3 将图像划分成许多个小的网格，并在每个网格中预设几个预设框(通过聚类分析训练集得到的)，最终直接对预设框进行类别预测和位置回归。

本节将使用 YOLOv3 实现昆虫识别。

步骤 1：认识 AI 识虫数据集与数据下载

采用百度与北京林业大学合作开发的林业病虫害防治项目用到的 AI 识虫数据集，该数据集提供了 2183 张图片，其中训练集 1693 张，验证集 245 张，测试集 245 张。共包含了六种昆虫：Boerner、Leconte、Linnaeus、acuminatus、armandi、coleoptera。

数据集格式如图 3.7 所示。分为 train、val 和 test 三个文件夹，每个文件夹下图像和标注文件分别存储在 annotations 和 Images 下，其中标注文件采用与 voc 数据集相同的标注格式。

```
insects
    |---train
    |         |---annotations
    |         |         |---xmls
    |         |                  |---100.xml
    |         |                  |---101.xml
    |         |                  |---...
    |         |
    |         |---images
    |                   |---100.jpeg
    |                   |---101.jpeg
    |                   |---...
    |
    |---val
    |        |---annotations
    |        |         |---xmls
    |        |                  |---1221.xml
    |        |                  |---1277.xml
    |        |                  |---...
    |        |
    |        |---images
    |                  |---1221.jpeg
    |                  |---1277.jpeg
    |                  |---...
    |
    |---test
             |---images
                       |---1833.jpeg
                       |---1838.jpeg
                       |---...
```

图 3.7　数据集结构

昆虫数据集可在 AIstudio 中下载：https://aistudio.baidu.com/aistudio/datasetdetail/19638。

步骤 2：数据加载

(1) 数据读取。

在本次实验中，我们需要通过编写代码从 xml 文件中提取标注信息。

首先，通过 get_annotations 读取 xml 中的目标标注信息，并返回一个图像中目标类别和目标位置(x，y，w，h)，在这里我们需要用到 ElementTree 来解析 xml 格式的文件，提取 xml 文件中记录的每个目标名称和位置。

```
def get_annotations(cname2cid, datadir):
  filenames = os.listdir(os.path.join(datadir, 'annotations', 'xmls'))
  records = []
  ct = 0
  for fname in filenames:
    fid = fname.split('.')[0]
    fpath = os.path.join(datadir, 'annotations', 'xmls', fname)
    img_file = os.path.join(datadir, 'images', fid + '.jpeg')
    tree = ET.parse(fpath)
    if tree.find('id') is None:
      im_id = np.array([ct])
    else:
      im_id = np.array([int(tree.find('id').text)])
    objs = tree.findall('object')
    im_w = float(tree.find('size').find('width').text)
    im_h = float(tree.find('size').find('height').text)
    gt_bbox = np.zeros((len(objs), 4), dtype = np.float32)
    gt_class = np.zeros((len(objs), ), dtype = np.int32)
    is_crowd = np.zeros((len(objs), ), dtype = np.int32)
    difficult = np.zeros((len(objs), ), dtype = np.int32)
```

依次读取图像中的每个目标，并构建针对每个标注的字典。最终对于每个图像返回一个目标列表：

```
for i, obj in enumerate(objs):
      cname = obj.find('name').text
      gt_class[i] = cname2cid[cname]
      _difficult = int(obj.find('difficult').text)
      x1 = float(obj.find('bndbox').find('xmin').text)
      y1 = float(obj.find('bndbox').find('ymin').text)
      x2 = float(obj.find('bndbox').find('xmax').text)
      y2 = float(obj.find('bndbox').find('ymax').text)
      x1 = max(0, x1)
      y1 = max(0, y1)
      x2 = min(im_w - 1, x2)
      y2 = min(im_h - 1, y2)
      # 这里使用 xywh 格式来表示目标物体真实框
      gt_bbox[i] = [(x1 + x2)/2.0 , (y1 + y2)/2.0, x2 - x1 + 1., y2 - y1 + 1.]
      is_crowd[i] = 0
```

```
      difficult[i] = _difficult
    voc_rec = {
      'im_file': img_file,
      'im_id': im_id,
      'h': im_h,
      'w': im_w,
      'is_crowd': is_crowd,
      'gt_class': gt_class,
      'gt_bbox': gt_bbox,
      'gt_poly': [],
      'difficult': difficult
      }
    if len(objs) != 0:
      records.append(voc_rec)
    ct += 1
  return records
```

检测网络训练的过程中，需要同时输入网络图像、目标框和目标类别，因此需要通过 get_img_data_from_file 函数返回图像、图像的大小以及图像中存在的目标框位置和类别。

```
def get_img_data_from_file(record):
  im_file = record['im_file']
  h = record['h']
  w = record['w']
  is_crowd = record['is_crowd']
  gt_class = record['gt_class']
  gt_bbox = record['gt_bbox']
  difficult = record['difficult']
  img = cv2.imread(im_file)
  img = cv2.cvtColor(img, cv2.COLOR_BGR2RGB)
  # check if h and w in record equals that read from img
  assert img.shape[0] == int(h)
  assert img.shape[1] == int(w)
  gt_boxes, gt_labels = get_bbox(gt_bbox, gt_class)
  # gt_bbox 用相对值
  gt_boxes[:, 0] = gt_boxes[:, 0] / float(w)
  gt_boxes[:, 1] = gt_boxes[:, 1] / float(h)
  gt_boxes[:, 2] = gt_boxes[:, 2] / float(w)
  gt_boxes[:, 3] = gt_boxes[:, 3] / float(h)
      return img, gt_boxes, gt_labels, (h, w)
```

对于一般的检测任务来说，一张图片上往往会有多个目标物体，这样就无法固定 tensor 的维度，因此通过 get_bbox 将目标框和标签都填充至 50，对于多出图像中目标的部分用 0 补齐：

```
def get_bbox(gt_bbox, gt_class):
  MAX_NUM = 50
  gt_bbox2 = np.zeros((MAX_NUM, 4))
  gt_class2 = np.zeros((MAX_NUM,))
  for i in range(len(gt_bbox)):
```

```
    gt_bbox2[i, :] = gt_bbox[i, :]
    gt_class2[i] = gt_class[i]
    if i >= MAX_NUM:
      break
        return gt_bbox2, gt_class2
```

(2) 数据预处理。

在计算机视觉中,通常会对图像做一些随机的变化,产生相似但又不完全相同的样本。其主要作用是扩大训练数据集,抑制过拟合,提升模型的泛化能力,常用的方法主要有以下几种:

随机改变亮度、对比度和颜色:即每次加载数据时,在一定范围内随机改变图像的亮度、对比度和颜色的值。

```
def random_distort(img):
  # 随机改变亮度
  def random_brightness(img, lower = 0.5, upper = 1.5):
    e = np.random.uniform(lower, upper)
    return ImageEnhance.Brightness(img).enhance(e)
  # 随机改变对比度
  def random_contrast(img, lower = 0.5, upper = 1.5):
    e = np.random.uniform(lower, upper)
    return ImageEnhance.Contrast(img).enhance(e)
  # 随机改变颜色
  def random_color(img, lower = 0.5, upper = 1.5):
    e = np.random.uniform(lower, upper)
    return ImageEnhance.Color(img).enhance(e)
  ops = [random_brightness, random_contrast, random_color]
  np.random.shuffle(ops)
  img = Image.fromarray(img)
  img = ops[0](img)
  img = ops[1](img)
  img = ops[2](img)
  img = np.asarray(img)
        return img
```

随机填充:即每次加载数据时,以一定的概率在图像边缘处添加一定范围内的随机边框。但需要注意的是,填充会改变图像的大小,因此标注也要相应地做出调整。其效果如图 3.8 所示。

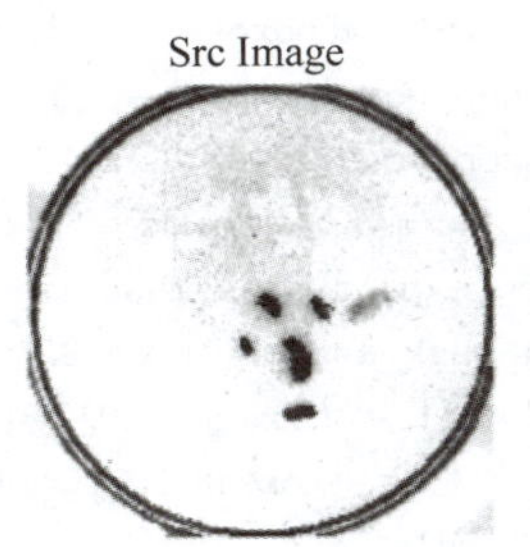

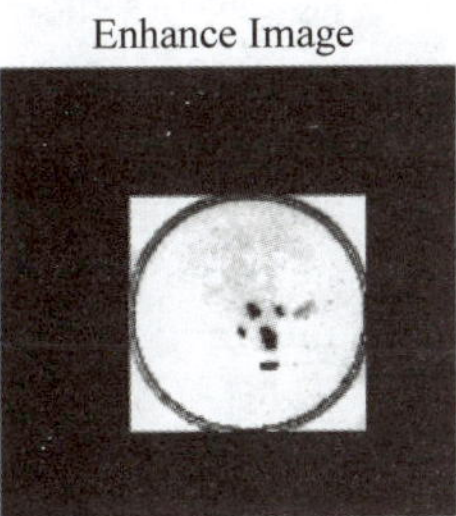

图 3.8　随机填充效果

```
def random_expand(img,gtboxes,max_ratio = 4.,fill = None, keep_ratio = True, thresh = 0.5):
  if random.random() > thresh:
    return img, gtboxes
  if max_ratio < 1.0:
    return img, gtboxes
  h, w, c = img.shape
  ratio_x = random.uniform(1, max_ratio)
  if keep_ratio:
```

```
        ratio_y = ratio_x
    else:
        ratio_y = random.uniform(1, max_ratio)
    oh = int(h * ratio_y)
    ow = int(w * ratio_x)
    off_x = random.randint(0, ow - w)
    off_y = random.randint(0, oh - h)
    out_img = np.zeros((oh, ow, c))
    if fill and len(fill) == c:
        for i in range(c):
            out_img[:, :, i] = fill[i] * 255.0
    out_img[off_y:off_y + h, off_x:off_x + w, :] = img
    gtboxes[:, 0] = ((gtboxes[:, 0] * w) + off_x) / float(ow)
    gtboxes[:, 1] = ((gtboxes[:, 1] * h) + off_y) / float(oh)
    gtboxes[:, 2] = gtboxes[:, 2] / ratio_x
    gtboxes[:, 3] = gtboxes[:, 3] / ratio_y
return out_img.astype('uint8'), gtboxes
```

随机裁剪：即对图像进行随机的裁剪，但需要注意的是，裁剪会改变图像的大小，因此标注也要相应地做出调整。

```
def box_crop(boxes, labels, crop, img_shape):
    x, y, w, h = map(float, crop)
    im_w, im_h = map(float, img_shape)
    boxes = boxes.copy()
        boxes[:, 0], boxes[:, 2] = (boxes[:, 0] - boxes[:, 2] / 2) * im_w, (boxes[:, 0] +
boxes[:, 2] / 2) * im_wboxes[:, 1], boxes[:, 3] = (boxes[:, 1] - boxes[:, 3] / 2) * im_h,
(boxes[:, 1] + boxes[:, 3] / 2) * im_hcrop_box = np.array([x, y, x + w, y + h])
        centers = (boxes[:, :2] + boxes[:, 2:]) / 2.0
    mask = np.logical_and(crop_box[:2] <= centers, centers <= crop_box[2:]).all(axis=1)
    boxes[:, :2] = np.maximum(boxes[:, :2], crop_box[:2])
    boxes[:, 2:] = np.minimum(boxes[:, 2:], crop_box[2:])
    boxes[:, :2] -= crop_box[:2]
    boxes[:, 2:] -= crop_box[:2]
    mask = np.logical_and(mask, (boxes[:, :2] < boxes[:, 2:]).all(axis=1))
    boxes = boxes * np.expand_dims(mask.astype('float32'), axis=1)
    labels = labels * mask.astype('float32')
    boxes[:, 0], boxes[:, 2] = (boxes[:, 0] + boxes[:, 2]) / 2 / w, ( boxes[:, 2] - boxes[:, 0]) /
w boxes[:, 1], boxes[:, 3] = (boxes[:, 1] + boxes[:, 3]) / 2 / h, (boxes[:, 3] - boxes[:, 1]) / h
        return boxes, labels, mask.sum()
```

随机缩放：即对图像的大小进行调整。因为标注会转换成比例的形式，因此缩放不会对标注造成影响。

```
def random_interp(img, size, interp=None):
    interp_method = [
        cv2.INTER_NEAREST,
        cv2.INTER_LINEAR,
        cv2.INTER_AREA,
        cv2.INTER_CUBIC,
```

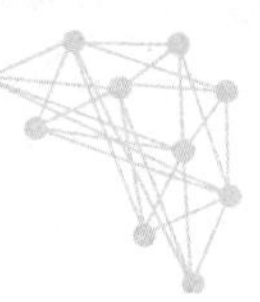

```
        cv2.INTER_LANCZOS4,
    ]
    if not interp or interp not in interp_method:
        interp = interp_method[random.randint(0, len(interp_method) - 1)]
    h, w, _ = img.shape
    im_scale_x = size / float(w)
    im_scale_y = size / float(h)
    img = cv2.resize(
        img, None, None, fx = im_scale_x, fy = im_scale_y, interpolation = interp)
    return img
```

随机翻转：即对图像进行翻转，相应的标注也要做出调整。

```
def random_flip(img, gtboxes, thresh = 0.5):
    if random.random() > thresh:
        img = img[:, :: - 1, :]
        gtboxes[:, 0] = 1.0 - gtboxes[:, 0]
    return img, gtboxes
```

随机打乱真实框排列顺序。

```
def shuffle_gtbox(gtbox, gtlabel):
    gt = np.concatenate([gtbox, gtlabel[:, np.newaxis]], axis = 1)
    idx = np.arange(gt.shape[0])
    np.random.shuffle(idx)
    gt = gt[idx, :]
    return gt[:, :4], gt[:, 4]
```

在读取数据的过程中，我们按顺序进行上述的数据增强方法，以扩充样本的多样性：

```
def image_augment(img, gtboxes, gtlabels, size, means = None):
    # 随机改变亮暗、对比度和颜色等
    img = random_distort(img)
    # 随机填充
    img, gtboxes = random_expand(img, gtboxes, fill = means)
    # 随机裁剪
    img, gtboxes, gtlabels, = random_crop(img, gtboxes, gtlabels)
    # 随机缩放
    img = random_interp(img, size)
    # 随机翻转
    img, gtboxes = random_flip(img, gtboxes)
    # 随机打乱真实框排列顺序
    gtboxes, gtlabels = shuffle_gtbox(gtboxes, gtlabels)
    return img.astype('float32'), gtboxes.astype('float32'), gtlabels.astype('int32')
```

接下来，我们通过 get_img_data 来调用前面的函数，实现数据的读入，首先通过 get_img_data_from_file 读取图像、标注文件和图像尺寸，之后通过 image_augment 对图像进行数据增广，最后再将得到的 img 进行归一化，并将维度从[H,W,C]调整为[C,H,W]。

```
def get_img_data(record, size = 640):
    img, gt_boxes, gt_labels, scales = get_img_data_from_file(record)
```

```
        img, gt_boxes, gt_labels = image_augment(img, gt_boxes, gt_labels, size)
        mean = [0.485, 0.456, 0.406]
        std = [0.229, 0.224, 0.225]
        mean = np.array(mean).reshape((1, 1, -1))
        std = np.array(std).reshape((1, 1, -1))
        img = (img / 255.0 - mean) / std
        img = img.astype('float32').transpose((2, 0, 1))
    return img, gt_boxes, gt_labels, scales
```

最后，是数据加载的最后一步，也是最重要的一步，定义数据读取类 TrainDataset。在 init 函数中，我们通过 get_annotations 获取所有图像的标注；在 getitem 函数中通过 get_img_data 返回图像和标注。

```
class TrainDataset(paddle.io.Dataset):
    def __init__(self, datadir, mode = 'train'):
        self.datadir = datadir
        cname2cid = get_insect_names()
        self.records = get_annotations(cname2cid, datadir)
        self.img_size = 640 #get_img_size(mode)
    def __getitem__(self, idx):
        record = self.records[idx]
        # print("print: ", record)
        img, gt_bbox, gt_labels, im_shape = get_img_data(record, size = self.img_size)
        return img, gt_bbox, gt_labels, np.array(im_shape)
    def __len__(self):
        return len(self.records)
```

步骤 3：搭建 YOLOv3 网络

我们首先介绍在本实验中新出现的 API 接口：

```
paddle.nn.BatchNorm2D(num_features, momentum = 0.9, epsilon = 1e-05, weight_attr = None, bias_attr = None, data_format = 'NCHW', name = None):
```

该接口用于构建 BatchNorm2D 类的一个可调用对象。可以处理 4D 的 Tensor，实现了批归一化层(Batch Normalization Layer)的功能，可用作卷积和全连接操作的批归一化函数，根据当前批次数据按通道计算的均值和方差进行归一化。

- num_features(int)：指明输入 Tensor 的通道数量。
- epsilon(float，可选)：为了数值稳定加在分母上的值。默认值：1e-05。
- momentum(float，可选)：此值用于计算 moving_mean 和 moving_var。默认值：0.9。
- weight_attr(ParamAttr|bool，可选)：指定权重参数属性的对象。如果为 False，则表示每个通道的伸缩固定为 1，不可改变。默认值为 None，表示使用默认的权重参数属性。
- bias_attr(ParamAttr，可选)：指定偏置参数属性的对象。如果为 False，则表示每一个通道的偏移固定为 0，不可改变。默认值为 None，表示使用默认的偏置参数属性。
- data_format(string，可选)：指定输入数据格式，数据格式可以为"NCHW"。默认值："NCHW"。

- name(string,可选)：BatchNorm 的名称，默认值为 None。

paddle.nn.functional.leaky_relu(x, negative_slope = 0.01, name = None):leaky_relu 激活层。

- x(Tensor)：输入的 Tensor，数据类型为：float32、float64。
- negative_slope(float,可选)：x<0x<0 时的斜率。默认值为 0.01。
- name(str,可选)：操作的名称(可选，默认值为 None)。

paddle.add(x,y,name = None):该接口是逐元素相加算子，输入 x 与输入 y 逐元素相加，并将各个位置的输出元素保存到返回结果中。

- x(Tensor)：输入的 Tensor，数据类型为：float32、float64、int32、int64。
- y(Tensor)：输入的 Tensor，数据类型为：float32、float64、int32、int64。
- name(str,可选)：操作的名称(可选，默认值为 None)。

```
paddle.vision.ops.yolo_loss(x,
                            gt_box,
                            gt_label,
                            anchors,
                            anchor_mask,
                            class_num,
                            ignore_thresh,
                            downsample_ratio, gt_score = None,
                            use_label_smooth = True,
                            name = None,
                            scale_x_y = 1.0):
```

该运算通过给定的预测结果和真实框计算 YOLOv3 损失。

- x(Tensor)：YOLOv3 损失运算的输入张量，这是一个形状为[N,C,H,W]的四维 Tensor。H 和 W 应该相同，第二维(C)存储框的位置信息，以及每个 anchor box 的置信度得分和 one-hot 分类。数据类型为 float32 或 float64。
- gt_box(Tensor)：真实框，应该是[N,B,4]的形状。第三维用来承载 x、y、w、h，其中 x,y 是真实框的中心坐标，w,h 是框的宽度和高度，且 x、y、w、h 将除以输入图片的尺寸，缩放到[0,1]区间内。N 是 batch size，B 是图像中所含有的最多的 box 数目。数据类型为 float32 或 float64。
- gt_label(Tensor)：真实框的类 id，应该形为[N,B]。数据类型为 int32。
- anchors(list|tuple)：指定 anchor 框的宽度和高度，它们将逐对进行解析。
- anchor_mask(list|tuple)：当前 YOLOv3 损失计算中使用 anchor 的 mask 索引。
- class_num(int)：要预测的类别数。
- ignore_thresh(float)：一定条件下忽略某框置信度损失的忽略阈值。
- downsample_ratio(int)：网络输入 YOLOv3 loss 中的下采样率，因此第一、第二和第三个 loss 的下采样率应分别为 32,16,8。
- gt_score(Tensor)：真实框的混合得分，形为[N,B]。默认为 None。数据类型为 float32 或 float64。
- use_label_smooth(bool)：是否使用平滑标签。默认为 True。

- name(str,可选)：操作的名称(可选,默认值为 None)。
- scale_x_y(float,可选)：缩放解码边界框的中心点。默认值为 1.0。

IOU 是目标检测过程中常用的标准,用于反应两个框之间的交并比,因此首先要定义用于计算 IOU 的函数 box_iou_xywh：

```
def box_iou_xywh(box1, box2):
  x1min, y1min = box1[0] - box1[2]/2.0, box1[1] - box1[3]/2.0
  x1max, y1max = box1[0] + box1[2]/2.0, box1[1] + box1[3]/2.0
  s1 = box1[2] * box1[3]

  x2min, y2min = box2[0] - box2[2]/2.0, box2[1] - box2[3]/2.0
  x2max, y2max = box2[0] + box2[2]/2.0, box2[1] + box2[3]/2.0
  s2 = box2[2] * box2[3]

  xmin = np.maximum(x1min, x2min)
  ymin = np.maximum(y1min, y2min)
  xmax = np.minimum(x1max, x2max)
  ymax = np.minimum(y1max, y2max)
  inter_h = np.maximum(ymax - ymin, 0.)
  inter_w = np.maximum(xmax - xmin, 0.)
  intersection = inter_h * inter_w

  union = s1 + s2 - intersection
  iou = intersection / union
  return iou
```

YOLOv3 在训练的过程中首先需要产生锚框,并根据标注对候选框分配标签。每一个 objectness 标注为 1 的锚框,会有一个真实的标注框跟它对应,该锚框所属物体类别,即是其所对应的真实框包含的物体类别。这里使用 one-hot 向量来表示类别标签 label。例如一共有 10 个分类,而真实框里面包含的物体类别是第 2 类,则 label 为(0,1,0,0,0,0,0,0,0,0),具体的过程如图 3.9 所示。

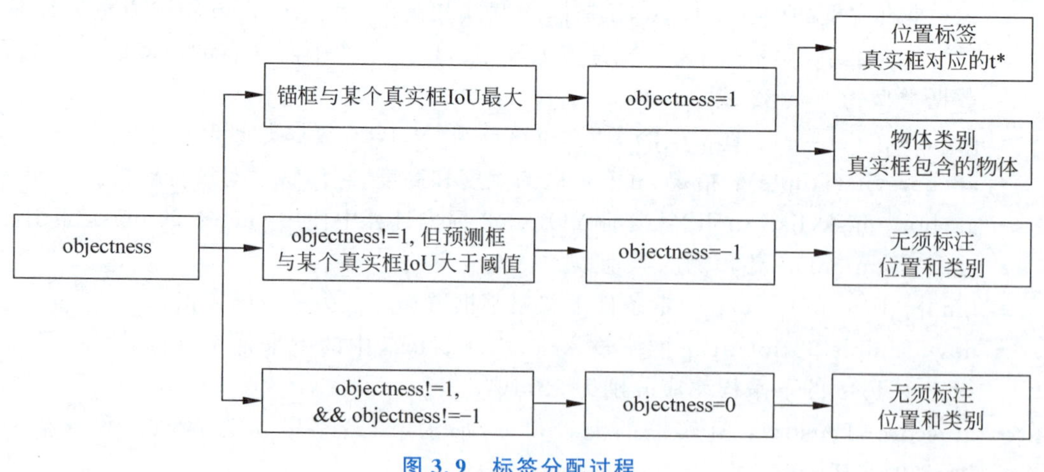

图 3.9 标签分配过程

步骤 4：特征提取网络

YOLOv3 算法使用的骨干网络是 DarkNet53。DarkNet53 在 ImageNet 图像分类任务上取得了很好的成绩，网络的具体结构如图 3.10 所示。在检测任务中，将图中 C0 后面的平均池化、全连接层和 Softmax 去掉，保留从输入到 C0 部分的网络结构，作为检测模型的基础网络结构，也称为骨干网络。YOLOv3 模型会在骨干网络的基础上再添加检测相关的网络模块。

DarkNet53网络结构图

	类型	输出通道数	卷积核	输出特征图大小	
	Softmax			1000	
	全连接			1000	
	平均池化	1024	全局池化	1×1	
4×残差块	残差			8×8	C0
	卷积	1024	3×3		
	卷积	512	1×1		
	卷积	1024	3×3/2	8×8	
8×残差块	残差			16×16	C1
	卷积	512	3×3		
	卷积	256	1×1		
	卷积	512	3×3/2	16×16	
8×残差块	残差			32×32	C2
	卷积	256	3×3		
	卷积	128	1×1		
	卷积	256	3×3/2	32×32	
2×残差块	残差			64×64	
	卷积	128	3×3		
	卷积	64	1×1		
	卷积	128	3×3/2	64×64	
1×残差块	残差			128×128	
	卷积	64	3×3		
	卷积	32	1×1		
	卷积	64	3×3/2	128×128	
	卷积	32	3×3	256×256	

图 3.10　DarkNet 网络结构

因为 DarkNet53 的网络层数比较多，因此我们采用了模块化的搭建形式。首先是搭建卷积＋BN 的子模块 ConvBNLayer 函数：

```
class ConvBNLayer(paddle.nn.Layer):
    def __init__(self, ch_in, ch_out,
                 kernel_size = 3, stride = 1, groups = 1,
```

```
                 padding = 0, act = "leaky"):
        super(ConvBNLayer, self).__init__()

        self.conv = paddle.nn.Conv2D(
            in_channels = ch_in,
            out_channels = ch_out,
            kernel_size = kernel_size,
            stride = stride,
            padding = padding,
            groups = groups,
            weight_attr = paddle.ParamAttr(
                initializer = paddle.nn.initializer.Normal(0., 0.02)),
            bias_attr = False)
        self.batch_norm = paddle.nn.BatchNorm2D(
            num_features = ch_out,
            weight_attr = paddle.ParamAttr(
                initializer = paddle.nn.initializer.Normal(0.,0.02),
                regularizer = paddle.regularizer.L2Decay(0.)),
            bias_attr = paddle.ParamAttr(
                initializer = paddle.nn.initializer.Constant(0.0),
                regularizer = paddle.regularizer.L2Decay(0.)))
        self.act = act
    def forward(self, inputs):
        out = self.conv(inputs)
        out = self.batch_norm(out)
        if self.act == 'leaky':
            out = F.leaky_relu(x = out, negative_slope = 0.1)
        return out
```

DownSample类是在网络中用于下采样的模块，在DarkNet53中下采样是通过步长为2的卷积实现的：

```
class DownSample(paddle.nn.Layer):
    # 下采样，图片尺寸减半，具体实现方式是使用 stirde = 2 的卷积
    def __init__(self,
                 ch_in,
                 ch_out,
                 kernel_size = 3,
                 stride = 2,
                 padding = 1):

        super(DownSample, self).__init__()

        self.conv_bn_layer = ConvBNLayer(
            ch_in = ch_in,
            ch_out = ch_out,
            kernel_size = kernel_size,
            stride = stride,
            padding = padding)
        self.ch_out = ch_out
```

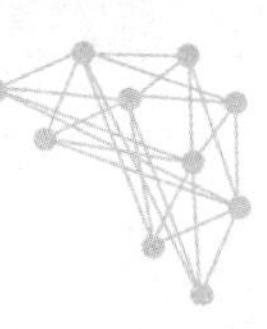


```
    def forward(self, inputs):
        out = self.conv_bn_layer(inputs)
        return out
```

在 DarkNet53 中，引入了 ResNet 跳跃连接的思路和残差结构。我们通过 BasicBlock 类定义 DarkNet53 中的基本残差结构。对于输入 x，经过两次卷积 BN 结构后，通过 paddle.add 与原始的输入 x 相加：

```
class BasicBlock(paddle.nn.Layer):
    def __init__(self, ch_in, ch_out):
        super(BasicBlock, self).__init__()

        self.conv1 = ConvBNLayer(
            ch_in=ch_in,
            ch_out=ch_out,
            kernel_size=1,
            stride=1,
            padding=0
            )
        self.conv2 = ConvBNLayer(
            ch_in=ch_out,
            ch_out=ch_out*2,
            kernel_size=3,
            stride=1,
            padding=1
            )
    def forward(self, inputs):
        conv1 = self.conv1(inputs)
        conv2 = self.conv2(conv1)
        out = paddle.add(x=inputs, y=conv2)
        return out
```

LayerWarp 类以 BasicBlock 为基础，构建多层残差块，组成 Darknet53 网络的一个层级：

```
class LayerWarp(paddle.nn.Layer):
    def __init__(self, ch_in, ch_out, count, is_test=True):
        super(LayerWarp,self).__init__()

        self.basicblock0 = BasicBlock(ch_in,
            ch_out)
        self.res_out_list = []
        for i in range(1, count):
            res_out = self.add_sublayer("basic_block_%d" % (i),    # 使用 add_sublayer 添加子层
                BasicBlock(ch_out*2,
                    ch_out))
            self.res_out_list.append(res_out)

    def forward(self,inputs):
        y = self.basicblock0(inputs)
```

```
        for basic_block_i in self.res_out_list:
            y = basic_block_i(y)
        return y
```

设计完用于构建网络的各个子模块后，接下来就要通过这些模块来搭建 DarkNet53：

```
# DarkNet 每组残差块的个数，来自 DarkNet 的网络结构图
DarkNet_cfg = {53: ([1, 2, 8, 8, 4])}
class DarkNet53_conv_body(paddle.nn.Layer):
    def __init__(self):
        super(DarkNet53_conv_body, self).__init__()
        self.stages = DarkNet_cfg[53]
        self.stages = self.stages[0:5]

        # 第一层卷积
        self.conv0 = ConvBNLayer(
            ch_in=3,
            ch_out=32,
            kernel_size=3,
            stride=1,
            padding=1)

        # 下采样，使用 stride=2 的卷积来实现
        self.downsample0 = DownSample(
            ch_in=32,
            ch_out=32 * 2)

        # 添加各个层级的实现
        self.darknet53_conv_block_list = []
        self.downsample_list = []
        for i, stage in enumerate(self.stages):
            conv_block = self.add_sublayer(
                "stage_%d" % (i),
                LayerWarp(32 * (2 ** (i+1)),
                32 * (2 ** i),
                stage))
            self.darknet53_conv_block_list.append(conv_block)
        # 两个层级之间使用 DownSample 将尺寸减半
        for i in range(len(self.stages) - 1):
            downsample = self.add_sublayer(
                "stage_%d_downsample" % i,
                DownSample(ch_in=32 * (2 ** (i+1)),
                    ch_out=32 * (2 ** (i+2))))
            self.downsample_list.append(downsample)

    def forward(self, inputs):
        out = self.conv0(inputs)
        #print("conv1:",out.numpy())
        out = self.downsample0(out)
        #print("dy:",out.numpy())
```

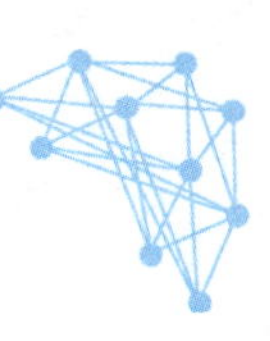

```
        blocks = []
        for i, conv_block_i in enumerate(self.darknet53_conv_block_list):
                                                    # 依次将各个层级作用在输入上面
            out = conv_block_i(out)
            blocks.append(out)
            if i < len(self.stages) - 1:
                out = self.downsample_list[i](out)
        return blocks[-1:-4:-1]                     # 将 C0, C1, C2 作为返回值
```

步骤 5：检测子网络

DarkNet53 和上采样得到的特征，我们还不能直接用于模型预测，还需要经过一系列的卷积过程。因此，我们通过 YoloDetectionBlock 来进一步提取特征，YoloDetectionBlock 由 6 组卷积＋BN 的结构组成，同时返回中间和最后的结果：

```
class YoloDetectionBlock(paddle.nn.Layer):
    # define YOLOv3 detection head
    # 使用多层卷积和 BN 提取特征
    def __init__(self,ch_in,ch_out,is_test=True):
        super(YoloDetectionBlock, self).__init__()

        assert ch_out % 2 == 0, \
            "channel {} cannot be divided by 2".format(ch_out)

        self.conv0 = ConvBNLayer(
            ch_in=ch_in,
            ch_out=ch_out,
            kernel_size=1,
            stride=1,
            padding=0)
        self.conv1 = ConvBNLayer(
            ch_in=ch_out,
            ch_out=ch_out*2,
            kernel_size=3,
            stride=1,
            padding=1)
        self.conv2 = ConvBNLayer(
            ch_in=ch_out*2,
            ch_out=ch_out,
            kernel_size=1,
            stride=1,
            padding=0)
        self.conv3 = ConvBNLayer(
            ch_in=ch_out,
            ch_out=ch_out*2,
            kernel_size=3,
            stride=1,
            padding=1)
        self.route = ConvBNLayer(
```

```
            ch_in = ch_out * 2,
            ch_out = ch_out,
            kernel_size = 1,
            stride = 1,
            padding = 0)
        self.tip = ConvBNLayer(
            ch_in = ch_out,
            ch_out = ch_out * 2,
            kernel_size = 3,
            stride = 1,
            padding = 1)
    def forward(self, inputs):
        out = self.conv0(inputs)
        out = self.conv1(out)
        out = self.conv2(out)
        out = self.conv3(out)
        route = self.route(out)
        tip = self.tip(route)
        return route, tip
```

步骤 6：搭建 YOLOv3 模型

YOLOv3 将在三个不同尺度的特征图上进行预测，因此需要根据 DarkNet53 提取的特征和 Upsample 类构建用于预测的多个尺度的特征图：

```
class Upsample(paddle.nn.Layer):
    def __init__(self, scale = 2):
        super(Upsample, self).__init__()
        self.scale = scale

    def forward(self, inputs):
        # get dynamic upsample output shape
        shape_nchw = paddle.shape(inputs)
        shape_hw = paddle.slice(shape_nchw, axes = [0], starts = [2], ends = [4])
        shape_hw.stop_gradient = True
        in_shape = paddle.cast(shape_hw, dtype = 'int32')
        out_shape = in_shape * self.scale
        out_shape.stop_gradient = True

        # reisze by actual_shape
        out = paddle.nn.functional.interpolate(
            x = inputs, scale_factor = self.scale, mode = "NEAREST")
        return out
```

接下来要定义 YoloV3 模型整体结构，其中包括 init、forward 和 get_loss。

在 init 部分，通过 DarkNet53_conv_body()搭建特征提取网络 DarkNet53，并通过 YoloDetectionBlock 和 Upsample 构建用于预测的三种尺度的特征图。对于每种尺度特种图使用 K(C+5)的 1＊1 卷积进行预测，其中 C 是预测类别，K 是每个尺度特征图上预设的锚点种类数量。

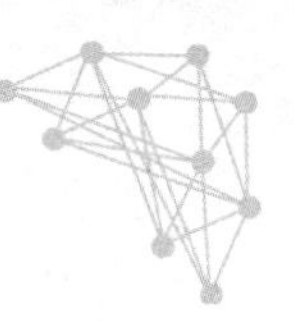

其中损失部分调用了飞桨平台用于计算 YOLOv3 损失的接口 paddle.vision.ops.yolo_loss，YOLOv3 损失包括三个主要部分，框位置损失，目标性损失，分类损失。L1 损失用于框坐标（w，h），同时，sigmoid 交叉熵损失用于框坐标（x，y）、目标性损失和分类损失。

每个真实框将在所有 anchor 中找到最匹配的 anchor，对该 anchor 的预测将会计算全部（三种）损失，但是没有匹配 GT box(ground truth box 真实框）的 anchor 的预测只会产生目标性损失。为了权衡大框（box）和小框（box）之间的框坐标损失，框坐标损失将与比例权重相乘而得。

$$loss = (loss_{xy} + loss_{wh}) * weight_{box} + loss_{conf} + loss_{class}$$

YOLOv3 loss 前的网络输出形状为[N，C，H，W]，H 和 W 应该相同，用来指定网格(grid)大小。每个网格点预测 S 个边界框（bounding boxes），S 由每个尺度中 anchors 簇的个数指定。在第二维（表示通道的维度）中，C 的值应为 S *（class_num+5），class_num 是源数据集的对象种类数（如 coco 中为 80），另外，除了存储 4 个边界框位置坐标 x，y，w，h，还包括边界框以及每个 anchor 框的 one-hot 关键字的置信度得分。

```
class YOLOv3(paddle.nn.Layer):
    def __init__(self, num_classes=7):
        super(YOLOv3,self).__init__()
        self.num_classes = num_classes
        # 提取图像特征的骨干代码
        self.block = DarkNet53_conv_body()
        self.block_outputs = []
        self.yolo_blocks = []
        self.route_blocks_2 = []
        # 生成 3 个层级的特征图 P0, P1, P2
        for i in range(3):
            # 添加从 ci 生成 ri 和 ti 的模块
            yolo_block = self.add_sublayer(
                "yolo_detecton_block_%d" % (i),
                YoloDetectionBlock(
                        ch_in=512//(2**i)*2 if i==0 else 512//(2**i)*2 + 512//(2**i),
                        ch_out = 512//(2**i)))
            self.yolo_blocks.append(yolo_block)
            num_filters = 3 * (self.num_classes + 5)
            # 添加从 ti 生成 pi 的模块，这是一个 Conv2D 操作，输出通道数为 3 * (num_classes + 5)
            block_out = self.add_sublayer(
                "block_out_%d" % (i),
                paddle.nn.Conv2D(in_channels=512//(2**i)*2,
                    out_channels=num_filters,
                    kernel_size=1,
                    stride=1,
                    padding=0,
                    weight_attr=paddle.ParamAttr(
                        initializer=paddle.nn.initializer.Normal(0., 0.02)),
                    bias_attr=paddle.ParamAttr(
                        initializer=paddle.nn.initializer.Constant(0.0),
                        regularizer=paddle.regularizer.L2Decay(0.))))
```

```
        self.block_outputs.append(block_out)
        if i < 2:
          # 对 ri 进行卷积
          route = self.add_sublayer("route2_%d" % i,
                        ConvBNLayer(ch_in=512//(2 ** i),
                              ch_out=256//(2 ** i),
                              kernel_size=1,
                              stride=1,
                              padding=0))
          self.route_blocks_2.append(route)
        # 将 ri 放大以便跟 c_{i+1}保持同样的尺寸
        self.upsample = Upsample()
```

在 forward 函数中确定 YOLOv3 网络结构的各层之间前向传播的先后顺序。

```
def forward(self, inputs):
  outputs = []
  blocks = self.block(inputs)
  for i, block in enumerate(blocks):
    if i > 0:
      # 将 r_{i-1}经过卷积和上采样之后得到特征图,与这一级的 ci 进行拼接
      block = paddle.concat([route, block], axis=1)
    # 从 ci 生成 ti 和 ri
    route, tip = self.yolo_blocks[i](block)
  # 从 ti 生成 pi
  block_out = self.block_outputs[i](tip)
  # 将 pi 放入列表
  outputs.append(block_out)
  if i < 2:
    # 对 ri 进行卷积调整通道数
    route = self.route_blocks_2[i](route)
    # 对 ri 进行放大,使其尺寸和 c_{i+1}保持一致
    route = self.upsample(route)
return outputs
```

通过 paddle.vision.ops.yolo_loss,直接计算损失函数,过程更简洁,速度也更快。

```
def get_loss(self, outputs, gtbox, gtlabel, gtscore=None,
      anchors = [10, 13, 16, 30, 33, 23, 30, 61, 62, 45, 59, 119, 116, 90, 156, 198, 373, 326],
      anchor_masks = [[6, 7, 8], [3, 4, 5], [0, 1, 2]],
      ignore_thresh=0.7,
      use_label_smooth=False):
  """

  """
  self.losses = []
  downsample = 32
  for i, out in enumerate(outputs):           # 对三个层级分别求损失函数
    anchor_mask_i = anchor_masks[i]
    loss = paddle.vision.ops.yolo_loss(
        x=out,                          # out 是 P0, P1, P2 中的一个
```

```
            gt_box = gtbox,                      # 真实框坐标
            gt_label = gtlabel,                  # 真实框类别
            gt_score = gtscore,                  # 真实框得分,使用 mixup 训练技巧时需要,不使用该
                                                   技巧时直接设置为 1,形状与 gtlabel 相同
            anchors = anchors,                   # 锚框尺寸,包含[w0, h0, w1, h1, …, w8, h8]共 9 个
                                                   锚框的尺寸
            anchor_mask = anchor_mask_i,         # 筛选锚框的 mask,例如 anchor_mask_i = [3, 4, 5],将
                                                   anchors 中第 3、4、5 个锚框挑选出来给该层级使用
            class_num = self.num_classes,        # 分类类别数
            ignore_thresh = ignore_thresh,       # 当预测框与真实框 IoU > ignore_thresh,标注
                                                   objectness = -1
            downsample_ratio = downsample,       # 特征图相对于原图缩小的百分比,例如 P0 是 32, P1
                                                   是 16,P2 是 8
            use_label_smooth = False)            # 使用 label_smooth 训练技巧时会用到,这里没用此
                                                   技巧,直接设置为 False
        self.losses.append(paddle.mean(loss))  # mean 对每张图片求和
        downsample = downsample // 2           # 下一级特征图的缩放倍数会减半
    return sum(self.losses)                    # 对每个层级求和
```

步骤 7：训练 YOLOv3 网络

训练过程如图 3.11 所示，输入图片经过特征提取得到三个层级的输出特征图 P0(stride=32)、P1(stride=16)和 P2(stride=8)，相应地分别使用不同大小的小方块区域去生成对应的锚框和预测框，并对这些锚框进行标注。

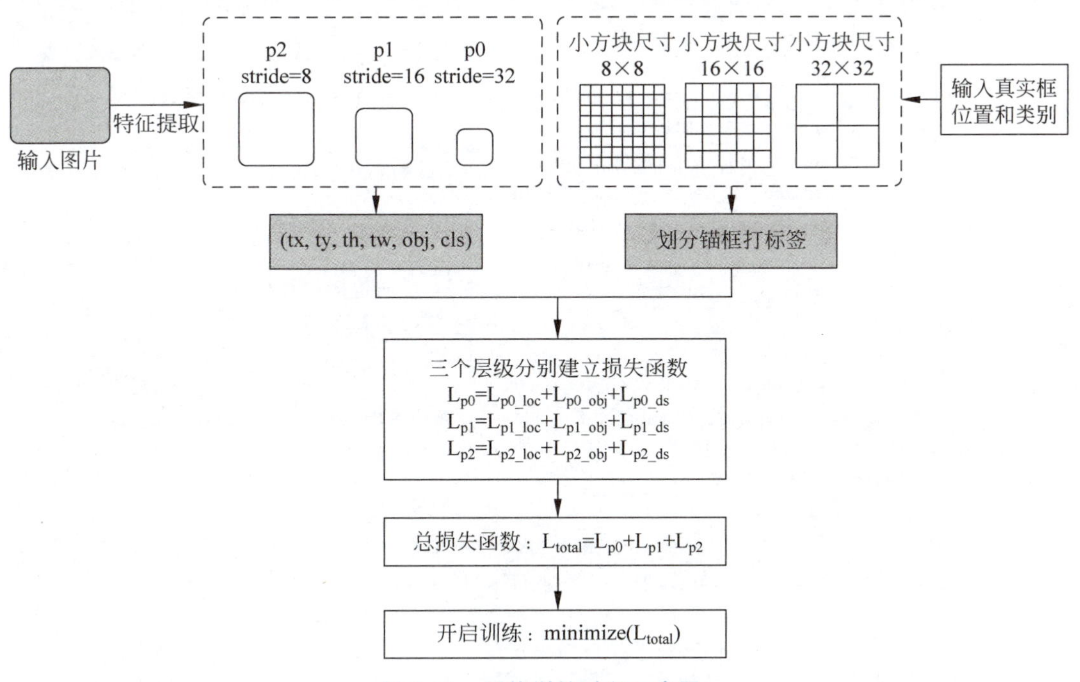

图 3.11　网络训练过程示意图

P0 层级特征图，对应着使用 32×32 大小的小方块，在每个区域中心生成大小分别为[116,90]、[156,198]、[373,326]的三种锚框。

P1 层级特征图，对应着使用 16×16 大小的小方块，在每个区域中心生成大小分别为[30,61]、[62,45]、[59,119]的三种锚框。

P2 层级特征图，对应着使用 8×8 大小的小方块，在每个区域中心生成大小分别为[10,13]、[16,30]、[33,23]的三种锚框。

将三个层级的特征图与对应锚框之间的标签关联起来，并建立损失函数，总的损失函数等于三个层级的损失函数相加。通过极小化损失函数，可以开启端到端的训练过程。

```
def train():
  model = YOLOv3(num_classes = NUM_CLASSES)        #创建模型
  learning_rate = get_lr()
  opt = paddle.optimizer.Momentum(
         learning_rate=learning_rate,
         momentum=0.9,
         weight_decay=paddle.regularizer.L2Decay(0.0005),
         parameters=model.parameters())             #创建优化器
  MAX_EPOCH = 1
  for epoch in range(MAX_EPOCH):
    for i, data in enumerate(train_loader()):
      img, gt_boxes, gt_labels, img_scale = data
      gt_scores = np.ones(gt_labels.shape).astype('float32')
      gt_scores = paddle.to_tensor(gt_scores)
      img = paddle.to_tensor(img)
      gt_boxes = paddle.to_tensor(gt_boxes)
      gt_labels = paddle.to_tensor(gt_labels)
      outputs = model(img)                            #前向传播,输出[P0, P1, P2]
      loss = model.get_loss(outputs, gt_boxes, gt_labels, gtscore=gt_scores,
                 anchors = ANCHORS,
                 anchor_masks = ANCHOR_MASKS,
                 ignore_thresh=IGNORE_THRESH,
                 use_label_smooth=False)              #计算损失函数

      loss.backward()                                 #反向传播计算梯度
      opt.step()                                      #更新参数
      opt.clear_grad()
      if i % 10 == 0:
        timestring = time.strftime("%Y-%m-%d %H:%M:%S",time.localtime(time.time()))
        print('{}[TRAIN]epoch {}, iter {}, output loss: {}'.format(timestring, epoch, i, loss.
numpy()))
    # save params of model
    if (epoch % 5 == 0) or (epoch == MAX_EPOCH - 1):
      paddle.save(model.state_dict(), 'yolo_epoch{}'.format(epoch))

    #每个 epoch 结束之后在验证集上进行测试
    model.eval()
    for i, data in enumerate(valid_loader()):
      img, gt_boxes, gt_labels, img_scale = data
      gt_scores = np.ones(gt_labels.shape).astype('float32')
      gt_scores = paddle.to_tensor(gt_scores)
```

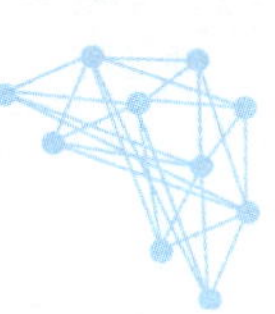

```
        img = paddle.to_tensor(img)
        gt_boxes = paddle.to_tensor(gt_boxes)
        gt_labels = paddle.to_tensor(gt_labels)
        outputs = model(img)
        loss = model.get_loss(outputs, gt_boxes, gt_labels, gtscore=gt_scores,
                    anchors = ANCHORS,
                    anchor_masks = ANCHOR_MASKS,
                    ignore_thresh=IGNORE_THRESH,
                    use_label_smooth=False)
        if i % 1 == 0:
          timestring = time.strftime("%Y-%m-%d %H:%M:%S",time.localtime(time.time()))
          print('{}[VALID]epoch {}, iter {}, output loss: {}'.format(timestring, epoch, i, loss.
numpy()))
    model.train()
```

训练过程如图 3.12 所示。

```
2021-02-21 13:16:32[TRAIN]epoch 0, iter 0, output loss: [17515.46]
2021-02-21 13:16:45[TRAIN]epoch 0, iter 10, output loss: [711.6523]
2021-02-21 13:16:58[TRAIN]epoch 0, iter 20, output loss: [177.56128]
2021-02-21 13:17:09[TRAIN]epoch 0, iter 30, output loss: [100.74901]
2021-02-21 13:17:22[TRAIN]epoch 0, iter 40, output loss: [109.4012]
2021-02-21 13:17:36[TRAIN]epoch 0, iter 50, output loss: [86.60315]
2021-02-21 13:17:49[TRAIN]epoch 0, iter 60, output loss: [73.88124]
2021-02-21 13:18:02[TRAIN]epoch 0, iter 70, output loss: [51.598812]
2021-02-21 13:18:15[TRAIN]epoch 0, iter 80, output loss: [66.547485]
2021-02-21 13:18:27[TRAIN]epoch 0, iter 90, output loss: [65.25056]
2021-02-21 13:18:40[TRAIN]epoch 0, iter 100, output loss: [87.08785]
2021-02-21 13:18:52[TRAIN]epoch 0, iter 110, output loss: [76.32029]
2021-02-21 13:19:06[TRAIN]epoch 0, iter 120, output loss: [72.307175]
2021-02-21 13:19:20[TRAIN]epoch 0, iter 130, output loss: [78.60363]
2021-02-21 13:19:34[TRAIN]epoch 0, iter 140, output loss: [61.50921]
2021-02-21 13:19:47[TRAIN]epoch 0, iter 150, output loss: [57.60893]
2021-02-21 13:20:00[TRAIN]epoch 0, iter 160, output loss: [48.932396]
2021-02-21 13:20:14[TRAIN]epoch 0, iter 170, output loss: [70.52108]
2021-02-21 13:20:28[TRAIN]epoch 0, iter 180, output loss: [57.51571]
2021-02-21 13:20:42[TRAIN]epoch 0, iter 190, output loss: [54.175972]
2021-02-21 13:20:54[TRAIN]epoch 0, iter 200, output loss: [55.90041]
2021-02-21 13:21:07[TRAIN]epoch 0, iter 210, output loss: [52.864914]
2021-02-21 13:21:19[TRAIN]epoch 0, iter 220, output loss: [66.79692]
```

图 3.12　网络训练过程

步骤 8：害虫预测

模型的预测过程如图 3.13 所示，可以分为以下两步：

（1）通过网络输出计算出预测框位置和所属类别的得分。

（2）使用非极大值抑制来消除重叠较大的预测框。

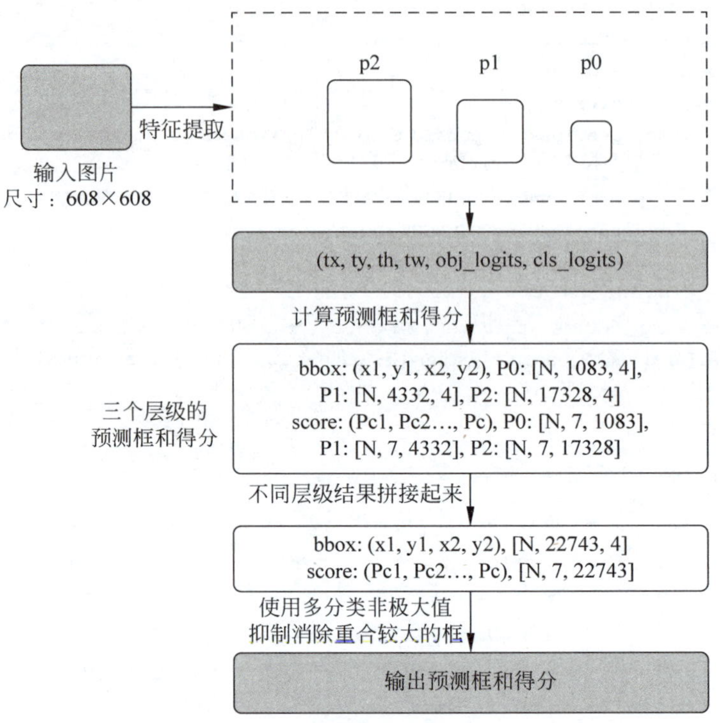

图 3.13　网络预测过程示意图

在 YOLOv3 类中添加 get_pred 函数，用于返回预测结果：

```
def get_pred(self,
             outputs,
             im_shape = None,
             anchors = [10, 13, 16, 30, 33, 23, 30, 61, 62, 45, 59, 119, 116, 90, 156, 198, 373, 326],
             anchor_masks = [[6, 7, 8], [3, 4, 5], [0, 1, 2]],
             valid_thresh = 0.01):
  downsample = 32
  total_boxes = []
  total_scores = []
  for i, out in enumerate(outputs):
    anchor_mask = anchor_masks[i]
    anchors_this_level = []
    for m in anchor_mask:
      anchors_this_level.append(anchors[2 * m])
      anchors_this_level.append(anchors[2 * m + 1])

    boxes, scores = paddle.vision.ops.yolo_box(
        x = out,
        img_size = im_shape,
        anchors = anchors_this_level,
        class_num = self.num_classes,
        conf_thresh = valid_thresh,
        downsample_ratio = downsample,
        name = "yolo_box" + str(i))
```

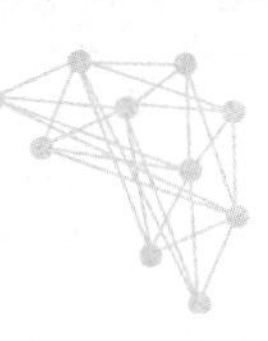

```
        total_boxes.append(boxes)
        total_scores.append(
            paddle.transpose(
                scores, perm=[0, 2, 1]))
        downsample = downsample // 2

    yolo_boxes = paddle.concat(total_boxes, axis=1)
    yolo_scores = paddle.concat(total_scores, axis=2)
    return yolo_boxes, yolo_scores
```

因为每个目标可能会被不同的锚框覆盖，会被预测出多次，因此我们需要定义multiclass_nms函数，对YOLOv3的预测结果进行非极大值抑制：

```
def multiclass_nms(bboxes, scores, score_thresh=0.01, nms_thresh=0.45, pre_nms_topk=1000,
pos_nms_topk=100):
    """
    This is for multiclass_nms
    """
    batch_size = bboxes.shape[0]
    class_num = scores.shape[1]
    rets = []
    for i in range(batch_size):
        bboxes_i = bboxes[i]
        scores_i = scores[i]
        ret = []
        for c in range(class_num):
            scores_i_c = scores_i[c]
            keep_inds = nms(bboxes_i, scores_i_c, score_thresh, nms_thresh, pre_nms_topk, i=i, c=c)
            if len(keep_inds) < 1:
                continue
            keep_bboxes = bboxes_i[keep_inds]
            keep_scores = scores_i_c[keep_inds]
            keep_results = np.zeros([keep_scores.shape[0], 6])
            keep_results[:, 0] = c
            keep_results[:, 1] = keep_scores[:]
            keep_results[:, 2:6] = keep_bboxes[:, :]
            ret.append(keep_results)
        if len(ret) < 1:
            rets.append(ret)
            continue
        ret_i = np.concatenate(ret, axis=0)
        scores_i = ret_i[:, 1]
        if len(scores_i) > pos_nms_topk:
            inds = np.argsort(scores_i)[::-1]
            inds = inds[:pos_nms_topk]
            ret_i = ret_i[inds]

        rets.append(ret_i)

    return rets
```

最后通过 test 函数使用训练好的 YOLOv3 模型进行预测：

```
def test():
  TRAINDIR = '/home/aistudio/work/insects/train/images'
  TESTDIR = '/home/aistudio/work/insects/test/images'
  VALIDDIR = '/home/aistudio/work/insects/val'

  model = YOLOv3(num_classes = NUM_CLASSES)
  params_file_path = '/home/aistudio/yolo_epoch0'
  model_state_dict = paddle.load(params_file_path)
  model.load_dict(model_state_dict)
  model.eval()

  total_results = []
  test_loader = test_data_loader(TESTDIR, batch_size = 1, mode = 'test')
  for i, data in enumerate(test_loader()):
    img_name, img_data, img_scale_data = data
    img = paddle.to_tensor(img_data)
    img_scale = paddle.to_tensor(img_scale_data)

    outputs = model.forward(img)
    bboxes, scores = model.get_pred(outputs,
                 im_shape = img_scale,
                 anchors = ANCHORS,
                 anchor_masks = ANCHOR_MASKS,
                 valid_thresh = VALID_THRESH)

    bboxes_data = bboxes.numpy()
    scores_data = scores.numpy()
    result = multiclass_nms(bboxes_data, scores_data,
            score_thresh = VALID_THRESH,
            nms_thresh = NMS_THRESH,
            pre_nms_topk = NMS_TOPK,
            pos_nms_topk = NMS_POSK)
    for j in range(len(result)):
      result_j = result[j]
      img_name_j = img_name[j]
      total_results.append([img_name_j, result_j.tolist()])
    print('processed {} pictures'.format(len(total_results)))

  print('')
    json.dump(total_results, open('pred_results.json', 'w'))
```

至此，我们就完成了 YOLOv3 网络的搭建、训练和预测过程，你学会了吗？

第4章 图像分割

图像分割(image segmentation)技术是计算机视觉领域的另一个重要的研究方向，是图像语义理解的重要一环，是把图像分成若干个特定的、具有独特性质的区域并提出感兴趣目标的技术和过程。它是由图像处理到图像分析的关键步骤。从数学角度来看，图像分割是将图像划分成互不相交的区域的过程。近些年来随着深度学习技术的逐步深入，图像分割技术有了突飞猛进的发展，该技术相关的场景物体分割、人体前景分割、人脸人体 Parsing、三维重建等技术已经在无人驾驶、增强现实、安防监控等行业都得到广泛的应用。

如图 4.1 所示，图像分割是从图像中找出目标所在的具体区域的任务，图 4.1 中不同的颜色代表分割出来的不同物体，同一种颜色代表同一个类型的物体。其实简单理解，通常情况下图像分割就是去除图像背景提取感兴趣区域的过程。

图 4.1 图像分割示意图

目前常见的分割方法有基于阈值的分割，基于区域生长的分割，基于边缘的分割，基于图的分割。基于阈值的分割算法是最简单直接的分割算法。由于图像中目标位置和其他区域之间具有不同的灰度值，具有这种性质的目标区域通过阈值分割能够取得非常好的效果。通过阈值进行分割通常需要一个或多个灰度值作为阈值使图像分成不同的目标区域与背景区域。如何找到合适的阈值进行分割是基于阈值的分割算法中最核心的问题。由于基于阈值的分割算法对噪声敏感，通常情况下，在分割之前需要进行图像降噪的操作。基于区域生长的分割算法将具有相似特征的像素集合聚集构成一个区域，这个区域中的相邻像素之间具有相似的性质。算法首先在每个区域中寻找一个像素点作为种子点，然后人工设定合适的生长规则与停止规则，这些规则可以是灰度级别的特征、纹理级别的特征、梯度级别的特征等，生长规则可以根据实际需要具体设置。满足生长规则的像素点视为具有相似特征，将这些像素点划分到种子点所在区域中，并选定新的种子点。然后重复上面的步骤，直到满足停止规则。区域生长法的优势是整个算法计算简单，对于区域内部较为平滑的连通目标能分割得到很好的结果，同时算法对噪声不那么敏感。而它的缺点也非常明显，需要人为选定合适的区域生长种子点和涉及生长规则。通过区域的边缘来实现图像的分割是图像分割中常见的一种算法。由于不同区域中通常具有结构突变或者不连续的地方，这些地方往往能够为图像分割提供有效的依据。这些不连续或者结构突变的地方称为边缘。图像中不同区域通常具有明显的边缘，利用边缘信息能够很好地实现对不同区域的分割。基于图论的图像分割技术是近年来图像分割领域的一个新的研究热点。其基本思想是将图像映射为带权无向图，把像素视作节点，节点之间的边的权重对应于两个像素间的不相似性度量，割的容量对应能量函数。运用最大流/最小流算法对图进行切割，得到的最小割对应于待提取的目标边界。

近年来，鉴于深度学习技术的成熟并广泛应用，多种基于深度学习的图像语义分割方法被相继设计出来。与深度卷积神经网络相结合的图像语义分割，通常采用卷积神经网络的形式将图像进行像素级的分类并分割为表示不同语义类别的区域。

图像分割在图像处理和计算机视觉领域中是一个备受关注的研究分支，在目标分割和提取的过程中可以运用大量的数字图像处理方法，同时结合它在计算机上所产生的作用以及在模式识别等领域中的应用，吸引了一大批研究者关注。

实践十三：基于 U-Net 的宠物分割

这里我们选择了一个在医学图像分割领域最为熟知的 U-Net 网络结构，以其 U 型结构命名，如图 4.2 所示网络结构主要分为三部分：编码器部分、解码器部分以及跳跃连接。编码器部分主要通过卷积和下采样的来提取特征。解码部分通过卷积和上采样来恢复图像的分辨率。中间通过跳跃连接的方式融合编码器和解码器的特征，并在最后的特征图上进行预测。

步骤 1：加载

(1) 数据集概述。

本次实践中使用 Oxford-IIIT Pet 数据集，其包含 37 类宠物，每个类别大约有 200 张图像。数据集统计的分布如图 4.3 所示。

数据分为原始图像和标签两个部分，每张图像对应着一个 mask 标注图像，图像中用不同的像素值代表着不同的类别和背景，如图 4.4 展示原始图像和可视化后的 mask 标注图像

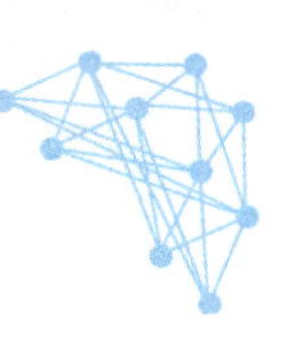

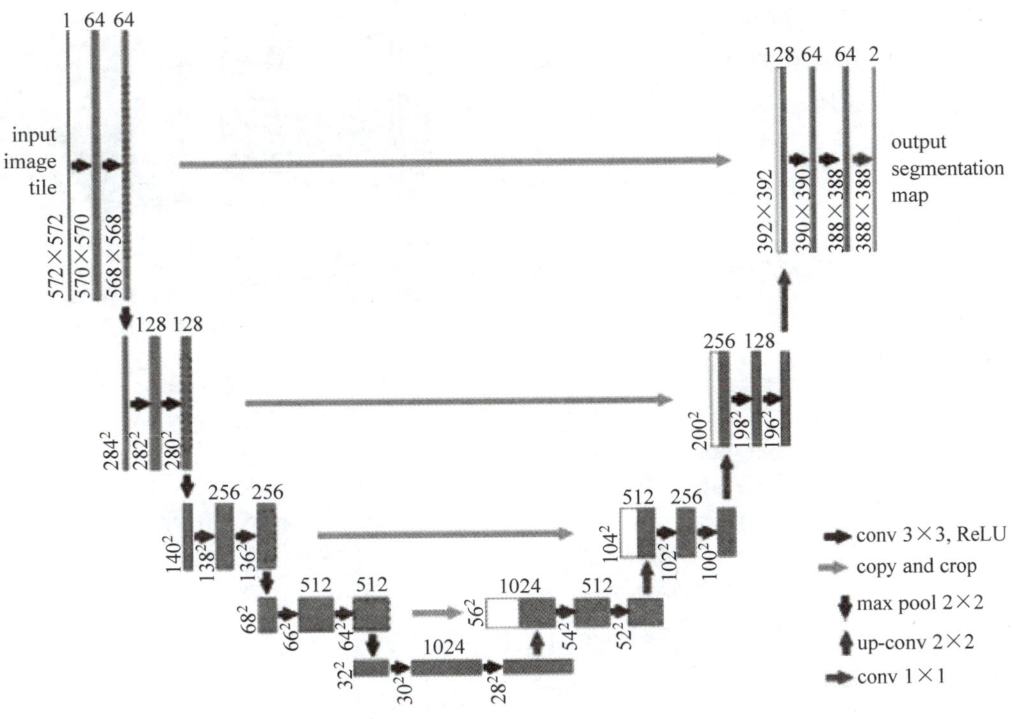

图 4.2 U-Net 网络结构

Breed	Count
American Bulldog	200
American Pit Bull Terrier	200
Basset Hound	200
Beagle	200
Boxer	199
Chihuahua	200
English Cocker Spaniel	196
English Setter	200
German Shorthaired	200
Great Pyrenees	200
Havanese	200
Japanese Chin	200
Keeshond	199
Leonberger	200
Miniature Pinscher	200
Newfoundland	196
Pomeranian	200
Pug	200
Saint Bernard	200
Samyoed	200
Scottish Terrier	199
Shiba Inu	200
Staffordshire Bull Terrier	189
Wheaten Terrier	200
Yorkshire Terrier	200
Total	4978

1.Dog Breeds

Breed	Count
Abyssinian	198
Bengal	200
Birman	200
Bombay	200
British Shorthair	184
Egyptian Mau	200
Main Coon	190
Persian	200
Ragdoll	200
Russian Blue	200
Siamese	199
Sphynx	200
Total	2371

2.Cat Breeds

Family	Count
Cat	2371
Dog	4978
Total	7349

3.Total Pets

图 4.3 数据集统计分布

在 mask 中猫的区域被高亮出来。原始图像和 mask 标注图像分别存储在 image 和 annotation 目录下,如图 4.5 所示 image 目录下存储着所有的图像,annotation 下分别存储着 list. txt(存储着所有的样本列表)、train. txt(存储着用于训练的样本列表)、test. txt(存储着需要预测的图像名单),trimaps 目录下存储的则是与训练图像相同命名的标注图像。

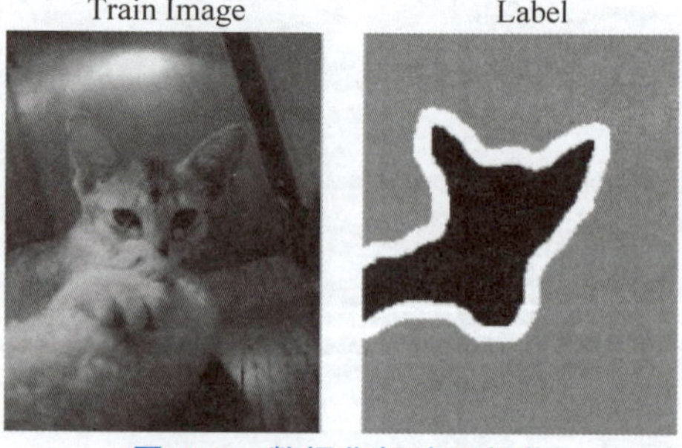

图 4.4 数据集标注可视化

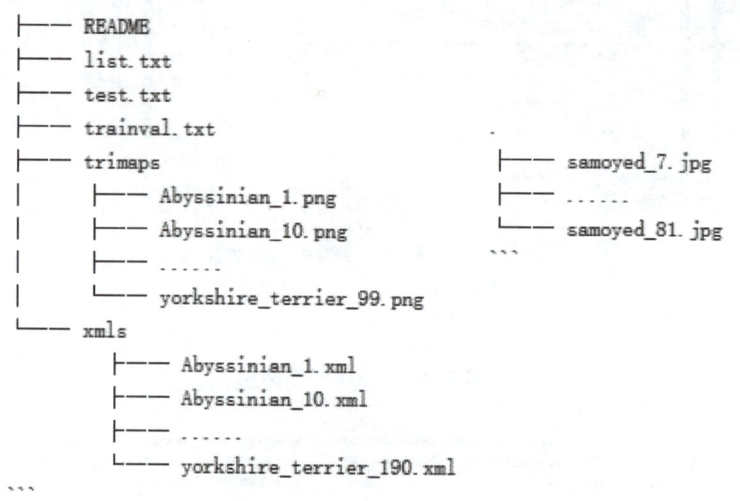

```
.
├── README
├── list.txt
├── test.txt
├── trainval.txt
├── trimaps
│    ├── Abyssinian_1.png
│    ├── Abyssinian_10.png
│    ├── ......
│    └── yorkshire_terrier_99.png
└── xmls
      ├── Abyssinian_1.xml
      ├── Abyssinian_10.xml
      ├── ......
      └── yorkshire_terrier_190.xml
```

```
.
├── samoyed_7.jpg
├── ......
└── samoyed_81.jpg
```

图 4.5 数据文件结构

(2) 数据集下载。

数据可从其官网:https://www.robots.ox.ac.uk/~vgg/data/pets 下载。

(3) 数据集类定义。

接下来,通过继承 paddle.io.Dataset 类来定义数据集类 PetDataset,通过继承父类 paddle.io.Dataset,实现父类中的两个抽象方法,'__getitem__'和'__len__'。通过,'__getitem__'在每次迭代的过程中返回数据和其对应的分割标签,并通过'__len__'返回数据集的数量。

在 Init 函数中,我们通过输入的 mode 参数决定输入生成的数据是用于训练、验证还是测试,并将对应的图像和标注图像地址添加到列表中:

```
class PetDataset(Dataset):
"""
数据集定义
"""
def __init__(self, mode = 'train'):
    """
    构造函数
    """
    self.image_size = IMAGE_SIZE
    self.mode = mode.lower()
```

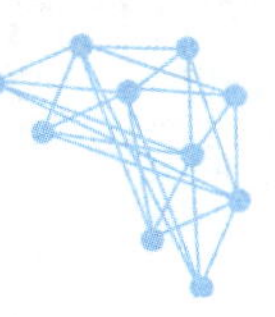

```
        assert self.mode in ['train', 'test', 'predict'], \
            "mode should be 'train' or 'test' or 'predict', but got {}".format(self.mode)
        self.train_images = []
        self.label_images = []
        with open('./{}.txt'.format(self.mode), 'r') as f:
            for line in f.readlines():
                image, label = line.strip().split('\t')
                self.train_images.append(image)
                self.label_images.append(label)
```

load_image 函数共有三个输入参数，分别是 path(需要加载图像或标注的路径)、color_mode='rgb'(加载图像或标注的方式)和 transforms=[](图像增强的方式)。在 load_image 函数中，首先通过 PilImage 来加载图像，对于加载格式不符合要求的图像进行格式上的转换，然后通过 paddle.vision.transforms 对读入的图像进行各种转换。

```
    def _load_img(self, path, color_mode = 'rgb', transforms = []):
        """
        统一的图像处理接口封装,用于规整图像大小和通道
        """
        with open(path, 'rb') as f:
            img = PilImage.open(io.BytesIO(f.read()))
            if color_mode == 'grayscale':
                # if image is not already an 8 - bit, 16 - bit or 32 - bit grayscale image
                # convert it to an 8 - bit grayscale image.
                if img.mode not in ('L', 'I;16', 'I'):
                    img = img.convert('L')
            elif color_mode == 'rgba':
                if img.mode != 'RGBA':
                    img = img.convert('RGBA')
            elif color_mode == 'rgb':
                if img.mode != 'RGB':
                    img = img.convert('RGB')
            else:
                raise ValueError('color_mode must be "grayscale", "rgb", or "rgba"')

            return T.Compose([
                                          T.Resize(self.image_size)
                                ] + transforms)(img)
```

getitem 通过调用 Load_image 函数，在每次迭代的时候返回图像和标注图像。由于加载进来的图像不一定都符合自己的需求，而很可能会是 RGBA 格式的图片，不符合3通道的需求，需要进行图片的格式转换。除此之外，卷积神经网络的输入维度一般默认为 CHW(通道数、长和宽)，而图片一般加载出来的默认维度是 HWC，这个时候对加载的图像维度进行调整，从 HWC 转换成了 CHW。

因此在调用 Load_image 加载时，依次输入 paddle.vision.transforms.Transpose()和 paddle.vision.transforms.Normalize 对图像进行维度上的转换和数值上的归一化。

```
    def __getitem__(self, idx):
        """
        返回 image, label
        """
        train_image = self._load_img(self.train_images[idx],
                                     transforms = [
                                         T.Transpose(),
                                         T.Normalize(mean = 127.5, std = 127.5)
                                     ])                            # 加载原始图像
        label_image = self._load_img(self.label_images[idx],
                                     color_mode = 'grayscale',
                                     transforms = [T.Grayscale()])  # 加载 Label 图像
        # 返回 image, label
        train_image = np.array(train_image, dtype = 'float32')
        label_image = np.array(label_image, dtype = 'int64')
        return train_image, label_image
    def __len__(self):
        """
        返回数据集总数
        """
        return len(self.train_images)
```

步骤 2：U-Net 模型搭建

本次实验中，新出现的 paddle 接口有：

```
paddle.nn.Upsample(size = None,
                   scale_factor = None,
                   mode = 'nearest',
                   align_corners = False,
                   align_mode = 0,
                   data_format = 'NCHW',
                   name = None):
```

用于调整一个 batch 中图片的大小，可以选择最近邻插值、线性插值、双线性插值、三线性插值、双三次线性插值等方法。

- size(list|tuple|Variable|None)：输出 Tensor，输入为 3D 张量时，形状为(out_w)的 1-D Tensor。输入为 4D 张量时，形状为(out_h，out_w)的 2-D Tensor。输入为 5-D Tensor 时，形状为(out_d，out_h，out_w)的 3-D Tensor。如果 out_shape 是列表，每一个元素可以是整数或者形状为[1]的变量。如果 out_shape 是变量，则其维度大小为 1。默认值为 None。
- scale_factor(float|Tensor|list|tuple|None)：输入的高度或宽度的乘数因子。out_shape 和 scale 至少要设置一个。out_shape 的优先级高于 scale。默认值为 None。
- mode(str，可选)：插值方法。支持"bilinear"或"trilinear"或"nearest"或"bicubic"或"linear"或"area"。默认值为"nearest"。
- align_corners(bool，可选)：一个可选的 bool 型参数，如果为 True，则将输入和输出张量的 4 个角落像素的中心对齐，并保留角点像素的值。默认值为 True。

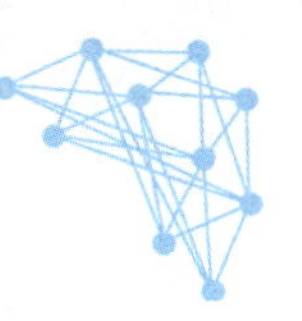

- align_mode(int,可选)：双线性插值的可选项。可以是'0'代表 src_idx=scale * (dst_indx+0.5)-0.5；如果为'1',代表 src_idx=scale * dst_index。
- data_format(str,可选)：指定输入的数据格式,输出的数据格式将与输入保持一致。对于 3-D Tensor,支持 NCHW(num_batches,channels,width)；对于 4-D Tensor,支持 NCHW(num_batches,channels,height,width)或者 NHWC(num_batches,height,width,channels)；对于 5-D Tensor,支持 NCDHW(num_batches,channels,depth,height,width)或者 NDHWC(num_batches,depth,height,width,channels),默认值：'NCHW'。

```
paddle.nn.Conv2DTranspose(in_channels,
                          out_channels,
                          kernel_size,
                          stride = 1,
                          padding = 0,
                          output_padding = 0,
                          groups = 1,
                          dilation = 1,
                          weight_attr = None,
                          bias_attr = None,
                          data_format = 'NCHW'):
```

二维转置卷积层,该层根据输入(input)、卷积核(kernel)和空洞大小(dilations)、步长(stride)、填充(padding)来计算输出特征层大小或者通过 output_size 指定输出特征层大小。

- in_channels(int)：输入图像的通道数。
- out_channels(int)：卷积核的个数和输出特征图通道数相同。
- kernel_size(int|list|tuple)：卷积核大小。可以为单个整数或包含两个整数的元组或列表,分别表示卷积核的高和宽。如果为单个整数,表示卷积核的高和宽都等于该整数。
- stride(int|tuple,可选)：步长大小。如果 stride 为元组或列表,则必须包含两个整型数,分别表示垂直和水平滑动步长。否则,表示垂直和水平滑动步长均为 stride。默认值：1。
- padding(int|tuple,可选)：填充大小。如果 padding 为元组或列表,则必须包含两个整型数,分别表示竖直和水平边界填充大小。否则,表示竖直和水平边界填充大小均为 padding。如果它是一个字符串,可以是"VALID"或者"SAME",表示填充算法,计算细节可参考方形 padding="SAME"或 padding="VALID"时的计算公式。默认值：0。
- output_padding(int|list|tuple,optional)：输出形状上一侧额外添加的大小,默认值：0。
- groups(int,可选)：二维卷积层的组数。根据 Alex Krizhevsky 的深度卷积神经网络(CNN)论文中的分组卷积：当 group=2,卷积核的前一半仅和输入特征图的前一半连接。卷积核的后一半仅和输入特征图的后一半连接。默认值：1。
- dilation(int|tuple,可选)：空洞大小。可以为单个整数或包含两个整数的元组或列

表，分别表示卷积核中的元素沿着高和宽的空洞。如果为单个整数，表示高和宽的空洞都等于该整数。默认值：1。

- weight_attr(ParamAttr，可选)：指定权重参数属性的对象。默认值为 None，表示使用默认的权重参数属性。
- bias_attr(ParamAttr|bool，可选)：指定偏置参数属性的对象。默认值为 None，表示使用默认的偏置参数属性。
- data_format(str，可选)：指定输入的数据格式，输出的数据格式将与输入保持一致，可以是"NCHW"和"NHWC"。N 是批尺寸，C 是通道数，H 是特征高度，W 是特征宽度。默认值："NCHW"。

```
paddle.nn.functional.pad(x,
                         pad,
                         mode = 'constant',
                         value = 0.0,
                         data_format = 'NCHW',
                         name = None):
```

pad 函数依据 pad 和 mode 属性对 x 进行 pad。如果 mode 为'constant'，并且 pad 的长度为 x 维度的 2 倍时，则会根据 pad 和 value 对 x 从前面的维度向后依次补齐；否则只会对 x 在除 batch size 和 channel 之外的所有维度进行补齐。如果 mode 为 reflect，则 x 对应维度上的长度必须大于对应的 pad 值。

- x(Tensor)：Tensor，format 可以为'NCL'，'NLC'，'NCHW'，'NHWC'，'NCDHW'或'NDHWC'，默认值为'NCHW'，数据类型支持 float16，float32，float64，int32，int64。
- pad(Tensor | List[int])：填充大小。当输入维度为 3 时，pad 的格式为[pad_left，pad_right]；当输入维度为 4 时，pad 的格式为[pad_left，pad_right，pad_top，pad_bottom]；当输入维度为 5 时，pad 的格式为[pad_left，pad_right，pad_top，pad_bottom，pad_front，pad_back]。
- mode(str)：padding 的四种模式，分别为'constant'，'reflect'，'replicate'和'circular'。'constant'表示填充常数 value；'reflect'表示填充以 x 边界值为轴的映射；'replicate'表示填充 x 边界值；'circular'为循环填充 x。默认值为'constant'。
- value(float32)：以'constant'模式填充区域时填充的值。默认值为 0.0。
- data_format(str)：指定 x 的 format，可为'NCL'，'NLC'，'NCHW'，'NHWC'，'NCDHW'或'NDHWC'，默认值为'NCHW'。

paddle.nn.Sequential(* layers)：是一个顺序容器。子 Layer 将按构造函数参数的顺序添加到此容器中。传递给构造函数的参数可以 Layers 或可迭代的 name Layer 元组。在 DoubleConv 中将需要搭建的网络结构按顺序作为 paddle.nn.Sequential 的输入。

- layers(tuple)：Layers 或可迭代的 name Layer 对。

paddle.concat(x，axis=0，name=None)：该 OP 对输入沿 axis 轴进行联结，返回一个新的 Tensor。

- x(list|tuple)：待联结的 Tensor list 或者 Tensor tuple，支持的数据类型为：bool、float16、float32、float64、int32、int64、uint8，x 中所有 Tensor 的数据类型应该一致。

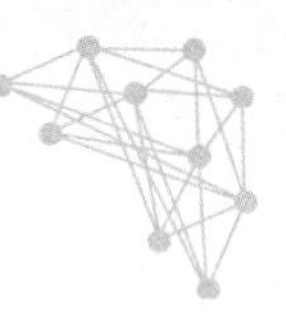

- axis(int|Tensor,可选)：指定对输入 x 进行运算的轴,可以是整数或者形状为[1]的 Tensor,数据类型为 int32 或者 int64。axis 的有效范围是[－R,R),R 是输入 x 中 Tensor 的维度,axis 为负值时与 axis＋Raxis＋R 等价。默认值为 0。

```
paddle.optimizer.RMSProp(learning_rate,
                         rho = 0.95,
                         epsilon = 1e - 06,
                         momentum = 0.0,
                         centered = False,
                         parameters = None,
                         weight_decay = None,
                         grad_clip = None, name = None):
```

该接口实现均方根传播(RMSProp)法。

- learning_rate(float)：全局学习率。
- rho(float,可选)：rho 是等式中的 rhorho,默认值 0.95。
- epsilon(float,可选)：等式中的 epsilon 是平滑项,避免被零除,默认值 1e-6。
- momentum(float,可选)：方程中的 β 是动量项,默认值 0.0。
- centered(bool,可选)：如果为 True,则通过梯度的估计方差,对梯度进行归一化；如果 False,则由未 centered 的第二个 moment 归一化。将此设置为 True 有助于模型训练,但会消耗额外计算和内存资源。默认为 False。
- parameters(list,可选)：指定优化器需要优化的参数。在动态图模式下必须提供该参数；在静态图模式下默认值为 None,这时所有的参数都将被优化。
- weight_decay(float|WeightDecayRegularizer,可选)：正则化方法。可以是 float 类型的 L2 正则化系数或者正则化策略：cn_api_fluid_regularizer_L1Decay、cn_api_fluid_regularizer_L2Decay。如果一个参数已经在 ParamAttr 中设置了正则化,这里的正则化设置将被忽略；如果没有在 ParamAttr 中设置正则化,这里的设置才会生效。默认值为 None,表示没有正则化。
- grad_clip(GradientClipBase,可选)：梯度裁剪的策略,支持三种裁剪策略：paddle.nn.ClipGradByGlobalNorm、paddle.nn.ClipGradByNorm、paddle.nn.ClipGradByValue。默认值为 None,此时将不进行梯度裁剪。

U-Net 是一个 U 型网络结构,可以看作左右两个部分：

左边网络为特征提取网络：采用两个 conv 和一个 pooling 组合的方式,从图像中提取输入图像的特征。

右边网络为特征融合网络：对输入的特征图进行上采样并与左侧特征图进行融合,之后再通过两次卷积提取特征。pooling 层会丢失图像的一些信息和降低图像的分辨率,且是永久性的。上采样可以让包含高级抽象特征低分辨率图片在保留高级抽象特征的同时变为高分辨率,然后再与左边低级表层特征高分辨率特征进行 concatenate 操作,获得高分辨率高语义信息的特征。再经过两次卷积操作生成特征图。最后,通过 n(类别数目)个大小为 1＊1 的卷积核生成最后的 n 个通道的特征图。每个特征图代表一种类别,每个类别的特征图的每个像素代表着对应图像中该像素位置归属该类的概率。

（1）网络子模块搭建。

首先是连续两次卷积子模块 DoubleConv。通过 DoubleConv 可以构建一组 2 层的卷积神经网络，in_channels 表示输入特征图的通道数，out_channels 表示输出特征图的通道数。DoubleConv 函数继承了 paddle. nn. Layer，包含 init 和 forward 两个函数。

Init 函数中定义了 2 层卷积结构：在 DoubleConv 中第一个卷积层输入为 in_channels 的特征图，使用 out_channels 个 kernel_size=3 的卷积核进行卷积，同时使用 padding=1 保持特征图的大小。紧接着对输出的特征图进行 BatchNorm，并经过 ReLU 层激活。第二个卷积层以激活后的特征图为输入，用 out_channels 个 kernel_size=3 的卷积核进行卷积，之后通过 BatchNorm 和 ReLU 得到最后的特征图。通过 forward 函数实现 DoubleConv 正向传播的过程。

```
class DoubleConv(paddle.nn.Layer):
"""(convolution => [BN] => ReLU) * 2"""

def __init__(self, in_channels, out_channels):
    super(DoubleConv, self).__init__()

    self.double_conv = paddle.nn.Sequential(
        paddle.nn.Conv2D(in_channels, out_channels, kernel_size = 3, padding = 1),
        paddle.nn.BatchNorm2D(out_channels),
        paddle.nn.ReLU(),
        paddle.nn.Conv2D(out_channels, out_channels, kernel_size = 3, padding = 1),
        paddle.nn.BatchNorm2D(out_channels),
        paddle.nn.ReLU()
    )

def forward(self, x):
    return self.double_conv(x)
```

左侧网络的部分子层结构。

通过 Down 这个类，我们实现右侧部分的子模块。对特征图实现分辨率的两倍下采样，并结合 DoubleConv 提取特征，其中：

在 Down 类中，输入的特征图，首先会通过最大值池化将分辨率下采样两倍，之后通过 DoubleConv 类对得下采样后的特征图进行 conv-> BN-> Relu-> Conv-> BN-> Relu 操作，最终得到输出的特征图。

```
class Down(paddle.nn.Layer):
    """Downscaling with maxpool then double conv"""

    def __init__(self, in_channels, out_channels):
        super(Down, self).__init__()
        self.maxpool_conv = paddle.nn.Sequential(
            paddle.nn.MaxPool2D(kernel_size = 2, stride = 2, padding = 0),
            DoubleConv(in_channels, out_channels)
        )
```

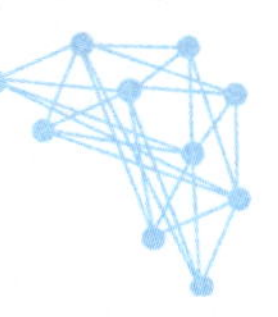

```
    def forward(self, x):
        return self.maxpool_conv(x)
```

右侧网络的部分子层结构。

我们通过 Upl 类实现右侧网络得子模块。Up 类将实现特征图的上采样，并与之前的特征图融合，同理 UP 类也继承 paddle. nn. Layer，并包含 init 和 forward 两个部分。

在 init 函数中，在上采样部分，可以提供两种上采样的方式，分辨是双线性插值和反卷积的方式将图像的分辨率上采样两倍，并调用了 DoubleConv 实现两次卷积提取特征。

forward 函数有两个输入参数 x1、x2。x1 为需要上采样的特征图，x2 是与右侧网络相对应的左侧网络输出的特征图。对于 x1 首先通过 init 中定义的 up 实例进行上采样，之后再通过 paddle. nn. functional. pad 函数对上采样后的 x1 进行 pad 与 x2 特征图大小对齐，再通过 paddle. concat 将 x1 与 x2 特征图在通道上连接起来，最后再通过两次卷积提取特征。

```
class Up(paddle.nn.Layer):
    """Upscaling then double conv"""
    def __init__(self, in_channels, out_channels, bilinear = True):
        super(Up, self).__init__()
        if bilinear:
            self.up = paddle.nn.Upsample(scale_factor = 2, mode = 'bilinear', align_corners = True)
        else:
            self.up = paddle.nn.ConvTranspose2d(in_channels // 2, in_channels // 2, kernel_
size = 2, stride = 2)
        self.conv = DoubleConv(in_channels, out_channels)
    def forward(self, x1, x2):
        x1 = self.up(x1)
        # print(x2.shape, x1.shape)
        # print(x2.shape[2] - x1.shape[2])
        diffY = paddle.to_tensor([x2.shape[2] - x1.shape[2]])
        diffX = paddle.to_tensor([x2.shape[3] - x1.shape[3]])
        x1 = F.pad(x1, [diffX // 2, diffX - diffX // 2, diffY // 2, diffY - diffY // 2])
        x = paddle.concat([x2, x1], axis = 1)
        return self.conv(x)
```

(2) 网络结构搭建。

通过 U-net 类定义 U-net 的整体网络结构，在 init 函数中首先定义网络中需要的每个卷积模组 inc、down1…up4，以及最后用于预测分割的 output_conv，在 forward 中搭建前向传播的过程：

对于输入的图像，首先经过 DoubleConv 得到特征图 x1，再通过 down1…down4 将特征图像下采样 2 倍、4 倍、8 倍、16 倍得到 x2、x3、x4、x5。接下来，通过 Up1、up2、up3、up4 实现特征图的上采样 16 倍，同时在每次上采样的过程中分别与 x2、x3、x4、x5 融合，最终通过输出层，将通道数与类别数相对应(每个通道分别对应一个类别)，最终通过 softmax 后输出最后的结果。

```
class U_Net(paddle.nn.Layer):
    def __init__(self, num_classes, bilinear = True):
        super(U_Net, self).__init__()
```

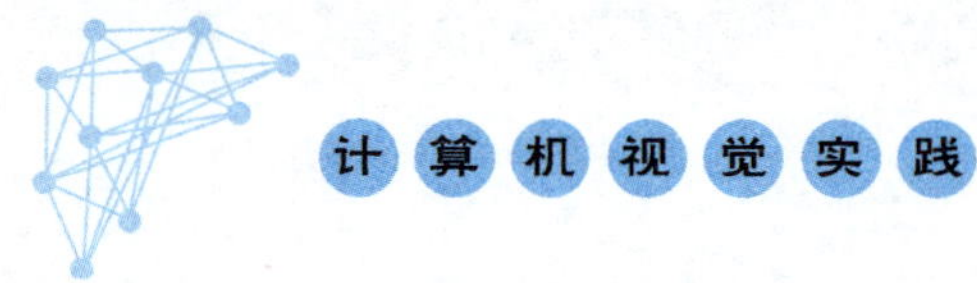


```
        self.num_classes = num_classes
        self.bilinear = bilinear
        self.inc = DoubleConv(3, 64)
        self.down1 = Down(64, 128)
        self.down2 = Down(128, 256)
        self.down3 = Down(256, 512)
        self.down4 = Down(512, 512)
        self.up1 = Up(1024, 256, bilinear)
        self.up2 = Up(512, 128, bilinear)
        self.up3 = Up(256, 64, bilinear)
        self.up4 = Up(128, 64, bilinear)
        self.output_conv = paddle.nn.Conv2D(64, num_classes, kernel_size=1)
    def forward(self, inputs):
        x1 = self.inc(inputs)
        x2 = self.down1(x1)
        x3 = self.down2(x2)
        x4 = self.down3(x3)
        x5 = self.down4(x4)
        x = self.up1(x5, x4)
        x = self.up2(x, x3)
        x = self.up3(x, x2)
        x = self.up4(x, x1)
        y = self.output_conv(x)
        return y
```

步骤3：训练U-Net网络

在上面的步骤中定义好了数据集、网络模型，接下来就开始模型训练的部分。

首先通过前面定义的PetDataset生成训练集和验证集，通过U-net类实例化网络模型。并通过paddle.optimizer.RMSProp（实现均方根传播（RMSProp）法的接口，学习率在该方法中是自适应学习的）来实例化的优化器。

接下来通过prepare方法，给我们的模型绑定优化器和损失函数，损失函数采用的交叉熵损失（paddle.nn.CrossEntropyLoss用于计算输入input和标签label间的交叉熵损失，它结合了$LogSoftmax$和$NLLLoss$的OP计算，可用于训练一个n类分类器）。最终通过model.fit开始训练和验证，其中epochs=1表示全部数据训练一次，batch_size=32表示每个批次训练32张图像，verbose表示的则是保存的日志格式。

```
num_classes = 4
network = U_Net(num_classes)
model = paddle.Model(network)
train_dataset = PetDataset(mode='train')    # 训练数据集
val_dataset = PetDataset(mode='test')       # 验证数据集
optim = paddle.optimizer.RMSProp(learning_rate=0.001, rho=0.9,
                                 momentum=0.0, epsilon=1e-07,
centered=False,parameters=model.parameters())
model.prepare(optim, paddle.nn.CrossEntropyLoss(axis=1))
model.fit(train_dataset, val_dataset, epochs=1, batch_size=32, verbose=1)
```

训练过程如图 4.6 所示。

```
step 197/197 [==============================] - loss: 0.4996 - 376ms/step
Eval begin...
The loss value printed in the log is the current batch, and the metric is the average value of previous step.
step 35/35 [==============================] - loss: 0.5017 - 262ms/step
Eval samples: 1108
```

图 4.6　训练过程

通过 PetDataset 设置用于预测的数据集，并通过 model.predict 进行预测，通过可视化可以对比标签和预测的结果，如图 4.7 所示。

```
predict_dataset = PetDataset(mode = 'predict')
predict_results = model.predict(predict_dataset)
```

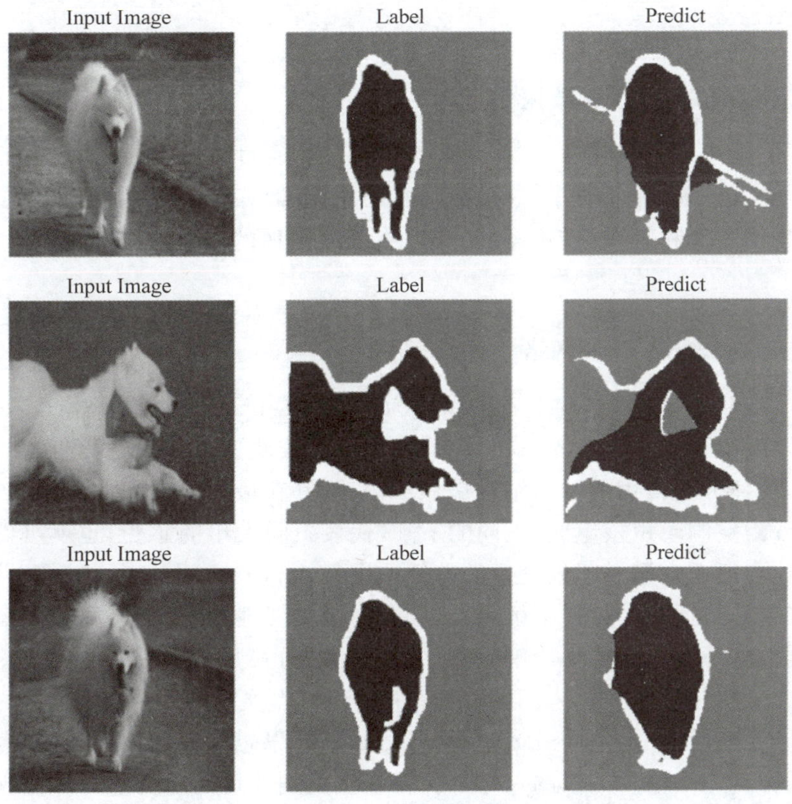

图 4.7　预测结果可视化

实践十四：基于 DeepLabv3 Plus 的宠物分割

本实践实现一个在图像分割领域比较熟知的网络结构 DeepLabv3 Plus，DeepLabv3 Plus 是 Deeplab 系列语义分割神经网络的最终版本，在许多图像语义分割的数据集上，该网络结构都有不俗的性能表现，该网络结构中包含空洞卷积，aspp 结构，encoder-decoder 架构等相关知识，接下来我们搭建 DeepLabv3 Plus。

步骤 1：环境设置

通过 import 导入搭建 DeepLabv3+所需要的库，并设置运行环境为 GPU。

```
import os
import io
import numpy as np
import matplotlib.pyplot as plt
from PIL import Image as PilImage

import paddle
from paddle.nn import functional as F

paddle.set_device('gpu')
paddle.__version__
```

步骤 2：认识 Oxford-IIIT Pet 数据集

数据集依旧采用 Oxford-IIIT Pet 数据集，首先要通过 paddle.io.Dataset 定义数据类 PetDataset。在 Init 函数中根据 mode 的参数生成用于训练、测试的数据集。每次迭代通过 getitem 加载训练图像和对应标签。load_img 在加载图像的同时对图像进行归一化等操作。详见实验十三。

步骤 3：搭建 DeepLabv3 Plus 网络

DeepLabv3 Plus 从整体结构上看可以分为编码器(encoder)与解码器(decoder)两个大块组成，如图 4.8 所示。其中 encoder 的部分是特征提取网络，通常可以采用 resnet、Xception 等分类任务中常用的网络结构来做编码器，并在最后一层添加 aspp 结构。aspp 结构由不同 ratio 的空洞卷积核组成，不同的 ratio 代表不同大小的感受，也就可以抽取不同尺度的图片信息，将所有空洞卷积处理后的特征图进行 concat 并采用 1＊1 卷积降维。最终得到语义信息丰富的特征图会传递给解码器，同时为了更好地补足空洞卷积之前的信息，特征提取网络输出的特征图也会传递给解码器。解码器部分可以看到将低层的 feature map(含有更多的图像底层信息)作为输入，首先做一个卷积操作实现维度的变换，目的是和 4 倍上采样后的 aspp 处理后的 feature map 进行 concat，整个思想类似于残差结构，最终 concat 的结果 4 倍上采样到原来输入图像的尺寸并保留预测类别数目的通道数即可完成建模。

步骤 4：搭建网络子模块

_ConvBnReLU 是 DeepLabv3 Plus 网络中最基础的模块单元，为卷积＋BN＋ReLU 的组合。_ConvBnReLU 类继承 paddle.nn.Sequential，因此可以直接在 Init 函数中顺序地构建一个卷积、批归一化、ReLU 的序列操作，不再需要通过 forward 实现先向传播的过程。

```
class _ConvBnReLU(paddle.nn.Sequential):
    """
    Cascade of 2D convolution, batch norm, and ReLU.
    """
```

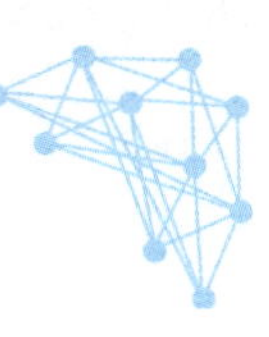

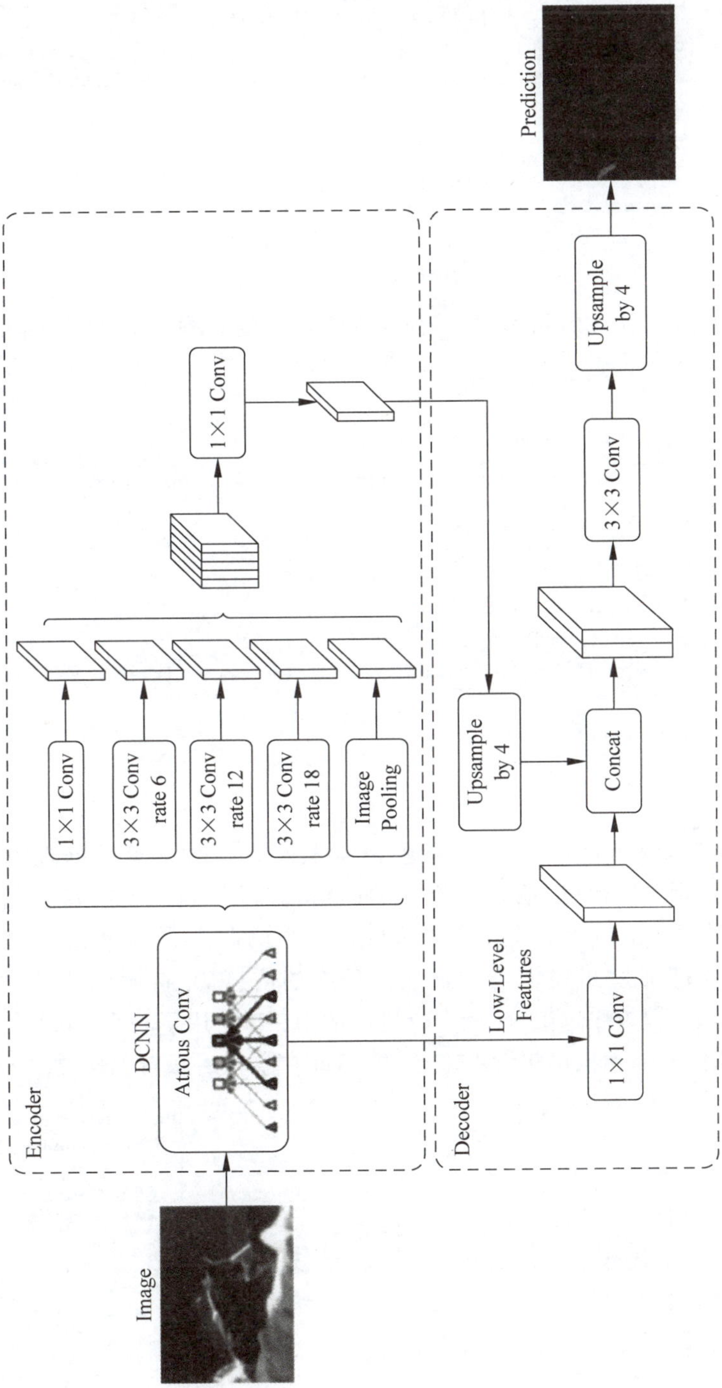

图 4.8　DeepLabv3 Plus 网络结构

```
    def __init__(self, in_ch, out_ch, kernel_size, stride, padding, dilation, relu=True):
        super(_ConvBnReLU, self).__init__()
        if relu:
            self.conv_bn_relu = paddle.nn.Sequential(paddle.nn.Conv2D(in_ch, out_ch, kernel_
size, stride, padding, dilation)
        ,paddle.nn.BatchNorm2D(out_ch, epsilon=1e-5, momentum=0.999),paddle.nn.ReLU())
        else:
            self.conv_bn_relu = paddle.nn.Sequential(
                paddle.nn.Conv2D(in_ch, out_ch, kernel_size, stride, padding, dilation)
                , paddle.nn.BatchNorm2D(out_ch, epsilon=1e-5, momentum=0.999))
    def forward(self,x):
            return self.conv_bn_relu(x)
```

DeepLabv3 Plus 的第一层网络,与其他层拥有不同的卷积和池化层,因此要单独定义。

```
class _Stem(paddle.nn.Layer):
    """
    The 1st conv layer.
    Note that the max pooling is different from both MSRA and FAIR ResNet.
    """

    def __init__(self, out_ch):
        super(_Stem, self).__init__()
        self.conv1 = _ConvBnReLU(3, out_ch, 7, 2, 1, 1)
        self.pool = paddle.nn.MaxPool2D(3, 2, 1, ceil_mode=True)
    def forward(self, x):
        h = self.conv1(x)
        h = self.pool(h)
        return h
```

进行分割任务时,图像存在多尺度问题,有大有小。一种常见的处理方法是图像金字塔,即将原图 resize 到不同尺度,输入到相同的网络,获得不同尺度的特征图,然后做融合。这种方法的确可以提升准确率,然而带来的另外一个问题就是速度太慢、空间开销太大。ASPP 通过采用不同膨胀率的空洞卷积捕获多尺度的信息,并将输出结果融合得到新的特征。如图 4.9 所示,这是在 DeepLabv3 中改进后的 ASPP。用了一个 1×1 的卷积层和 3 个 3×3 的空洞卷积层,每个卷积层包含 256 个卷积,并在卷积后跟着 BN 层。

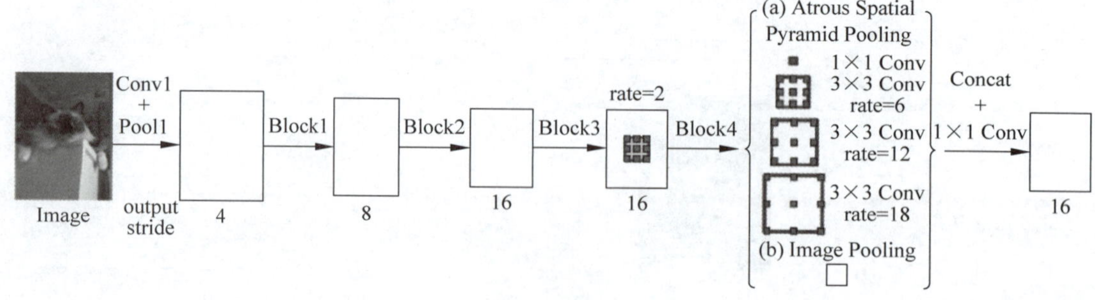

图 4.9 ASPP 结构

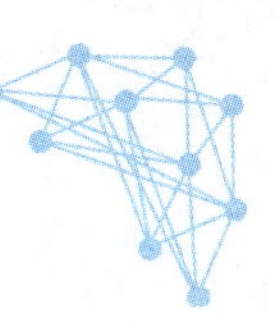

_ASPP 类，通过调用_ConvBnReLU 并输入不同的膨胀率获得一组特征图，之后在 forward 函数中通过 paddle. concat 将所有的特征图连接起来，就完成了 ASPP 模块的搭建。

```
class _ASPP(paddle.nn.Layer):
    """
    Atrous spatial pyramid pooling with image - level feature
    """

    def __init__(self, in_ch, out_ch, rates):
        super(_ASPP, self).__init__()
self.dilated_result = []
        for i, rate in enumerate(rates):
            result = self.add_sublayer("c{}".format(i + 1),
                                        _ConvBnReLU(in_ch, out_ch, 3, 1, padding = 'same',
dilation = rate))
            self.dilated_result.append(result)
    def forward(self, x):
        return paddle.concat([stage(x) for stage in self.dilated_result], axis = 1)
```

实验中特征提取网络采用了 ResNet。因此，我们首先定义残差结构_Bottleneck。在_Bottleneck 类中我们通过_ConvBnReLU 类实例化 1 组 3 * 3 卷积核 3 组 3 * 3 卷积，分别对应残差结构中的 1 * 1 核 3 * 3 卷积。在 forward 函数中通过相加的方式实现跳跃连接。

```
class _Bottleneck(paddle.nn.Layer):
    """
    Bottleneck block of MSRA ResNet.
    """
    def __init__(self, in_ch, out_ch, stride, dilation, downsample):
        super(_Bottleneck, self).__init__()
        mid_ch = out_ch // _BOTTLENECK_EXPANSION
        self.reduce = _ConvBnReLU(in_ch, mid_ch, 1, stride, 'same', 1, True)
        self.conv3x3 = _ConvBnReLU(mid_ch, mid_ch, 3, 1, 'same', dilation, True)
        self.increase = _ConvBnReLU(mid_ch, out_ch, 1, 1, 'same', 1, False)
        self.shortcut = (
            _ConvBnReLU(in_ch, out_ch, 1, stride, 'same', 1, False)
            if downsample
            else lambda x: x )
    def forward(self, x):
        h = self.reduce(x)
        h = self.conv3x3(h)
        h = self.increase(h)
        h += self.shortcut(x)
        return F.relu(h)
```

_ResLayer 是 DeepLabv3 Plus 用于提取特征的核心模块，通过输入的 n_layers 控制组合多个_Bottleneck（残差块）。因为继承了 paddle. nn. Sequential 类，因此，只需添加顺序

_Bottleneck 实例即可。

```
class _ResLayer(paddle.nn.Sequential):
    """
    Residual layer with multi grids
    """
    def __init__(self, n_layers, in_ch, out_ch, stride, dilation, multi_grids = None):
        super(_ResLayer, self).__init__()
        if multi_grids is None:
            multi_grids = [1 for _ in range(n_layers)]
        else:
            assert n_layers == len(multi_grids)
        # Downsampling is only in the first block
        for i in range(n_layers):
            self.add_sublayer("block{}".format(i + 1),
                              _Bottleneck(
                                  in_ch = (in_ch if i == 0 else out_ch),
                                  out_ch = out_ch,
                                  stride = (stride if i == 0 else 1),
                                  dilation = dilation * multi_grids[i],
                                  downsample = (True if i == 0 else False)))
```

步骤 5：搭建网络结构

DeepLabv3 Plus 类用于构建整个 DeepLabv3 Plus 的网络结构。init 函数中分为 Encoder 和 Decoder 两部分。

在 Encoder 部分，输入的图像首先通过_stem 层进行卷积和下采样池化，之后通过_ResLayer 构建 resnet 结构的特征提取网络。最后通过_Aspp、_ConvBnReLU 完成特征的提取；在 Decoder 部分，对 Encoder 部分得到特征进行上采样并和中间特征进行融合，最终通过上采样和卷积操作实现图像分割。

```
class DeepLabV3 Plus(paddle.nn.Layer):
    """
    DeepLab v3 + : Dilated ResNet with multi - grid + improved ASPP + decoder
    """
    def __init__(self, n_classes, n_blocks, atrous_rates, multi_grids, output_stride):
        super(DeepLabV3 Plus, self).__init__()
        # Stride and dilation
        if output_stride == 8:
            s = [1, 2, 1, 1]
            d = [1, 1, 2, 4]
        # Encoder
        ch = [64,128,256,512,1024,2058]
        self.layer1 = _Stem(ch[0])
        self.layer2 = _ResLayer(n_blocks[0], ch[0], ch[2], s[0], d[0])
        self.layer3 = _ResLayer(n_blocks[1], ch[2], ch[3], s[1], d[1])
        self.layer4 = _ResLayer(n_blocks[2], ch[3], ch[4], s[2], d[2])
        self.layer5 = _ResLayer(n_blocks[3], ch[4], ch[5], s[3], d[3], multi_grids)
```

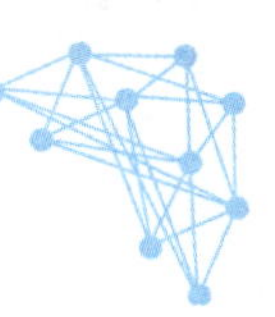


```
        self.aspp = _ASPP(ch[5], 256, atrous_rates)
        concat_ch = 256 * (len(atrous_rates))
        self.concat_ch = concat_ch
        self.conv1 = _ConvBnReLU(concat_ch, 256, 1, 1, 'same', 1)
        # Decoder
        self.reduce = _ConvBnReLU(256, 256, 1, 1, 'same', 1)
        self.upsample = paddle.nn.Upsample(scale_factor=2.0, mode="bilinear", align_corners=
False)
        self.conv2 = _ConvBnReLU(512, 256, 3, 1, 'same', 1)
        self.conv3 = _ConvBnReLU(256, n_classes, 3, 1, 'same', 1)
        self.up4 = paddle.nn.Upsample(scale_factor=4.0, mode="bilinear", align_corners=False)
    def forward(self, x):
        h = self.layer1(x)
        h = self.layer2(h)
        h_ = self.reduce(h)
        h = self.layer3(h)
        h = self.layer4(h)
        h = self.layer5(h)
        h = self.aspp(h)
        h = self.conv1(h)
        h = self.upsample(h)
        h = paddle.concat((h, h_), axis=1)
        h = self.conv2(h)
        h = self.conv3(h)
        h = self.up4(h)
        return h
```

步骤 6：训练 deeplabv3 plus 网络

在上面的步骤中定义好了数据集、网络模型，接下来就开始模型训练的部分。首先通过在实践十三定义的 PetDataset 来生成训练集和验证集，并通过前文定义 DeepLabv3 Plus 生成网络模型。与 U-Net 一样，我们采用 paddle. optimizer. RMSProp 作为优化器，并通过 prepare 方法，给模型绑定优化器和交叉熵损失。最终通过 model. fit 开始训练和验证，其中 epochs＝15 表示全部数据训练 15 次，batch_size＝32 表示每个批次训练 32 张图像，verbose 表示的则是保存的日志格式。

```
network = DeepLabv3 Plus(
    n_classes=num_class,
    n_blocks=[3, 4, 6, 3],
    atrous_rates=[6, 12, 18],
    multi_grids=[1, 2, 4],
    output_stride=8,
)
model = paddle.Model(network)
train_dataset = PetDataset(mode='train')          # 训练数据集
val_dataset = PetDataset(mode='test')             # 验证数据集
optim = paddle.optimizer.RMSProp(learning_rate=0.001,
                                 rho=0.9,
                                 momentum=0.0,
```

```
                                        epsilon = 1e - 07,
                                        centered = False,
                                        parameters = model.parameters())
model.prepare(optim, paddle.nn.CrossEntropyLoss(axis = 1))
model.fit(train_dataset,
          val_dataset,
          epochs = 15,
          batch_size = 32,
          verbose = 1)
```

训练过程如图 4.10 所示。

```
Epoch 1/15
step 197/197 [==============================] - loss: 0.8302 - 369ms/step
Eval begin...
The loss value printed in the log is the current batch, and the metric is the average value of previous step.
step 35/35 [==============================] - loss: 20735.0430 - 244ms/step
Eval samples: 1108
Epoch 2/15
step  20/197 [==>...........................] - loss: 0.7640 - ETA: 1:06 - 376ms/ste
```

图 4.10　训练过程

步骤 7：宠物分割结果预测

模型预测部分与其他分割网络相似，通过 PetDataset 生成数据集，然后通过 model.predict 得到网络预测的结果。

```
predict_dataset  =  PetDataset(mode = 'predict')
predict_results  =  model.predict(predict_dataset)
```

至此，我们就完成了 DeepLabV3 Plus 网络的搭建、训练和预测过程，你学会了吗？

实践十五：基于 PaddleSeg 的人像分割

步骤 1：认识 PaddleSeg

PaddleSeg 是基于飞桨 PaddlePaddle 开发的端到端图像分割开发套件，涵盖了高精度和轻量级等不同方向的大量高质量分割模型。通过模块化的设计，提供了配置化驱动和 API 调用两种应用方式，帮助开发者更便捷地完成从训练到部署的全流程图像分割应用。

PaddleSeg 具有以下特点。

高精度模型：基于百度自研的半监督标签知识蒸馏方案（SSLD）训练得到高精度骨干网络，结合前沿的分割技术，提供了 50+的高质量预训练模型，效果优于其他开源实现。

模块化设计：如图 4.11 所示，PaddleSeg 支持 20+主流分割网络，结合模块化设计的数据增强策略、骨干网络、损失函数等不同组件，开发者可以基于实际应用场景出发，组装多样化的训练配置，满足不同性能和精度的要求。

高性能：支持多进程异步 I/O、多卡并行训练、评估等加速策略，结合飞桨核心框架的显存优化功能，可大幅度减少分割模型的训练开销，让开发者更低成本、更高效地完成图像分割训练。

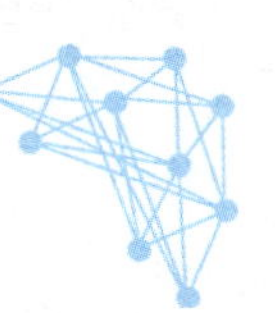

模型/骨干网络	ResNet50	ResNet101	HRNetw18	HRNetw48
ANN	✔	✔		
BiSeNetv2	-	-	-	-
DANet	✔	✔		
Deeplabv3	✔	✔		
Deeplabv3P	✔	✔		
Fast-SCNN	-	-	-	-
FCN			✔	✔
GCNet	✔	✔		
GSCNN	✔	✔		
HarDNet	-	-	-	-
OCRNet			✔	✔
PSPNet	✔	✔		
U-Net	-	-	-	-
U^2-Net	-	-	-	-
Att U-Net	-	-	-	-
U-Net++	-	-	-	-
U-Net3+	-	-	-	-
DecoupledSegNet	✔	✔		
EMANet	✔	✔	-	-
ISANet	✔	✔	-	-
DNLNet	✔	✔	-	-
SFNet	✔	-	-	-
ShuffleNetV2	-	-	-	-

图 4.11　PaddleSeg 模型库

步骤 2：使用 PaddleSeg 实现人像分割

首先需要下载安装 PaddleSeg。

```
#安装 PaddleSeg 包
pip install paddleseg
#下载 PaddleSeg 仓库
git clone https://github.com/PaddlePaddle/PaddleSeg
```

（1）执行训练。

基于上述大规模数据预训练的模型，在抽取的部分 supervisely 数据集上进行 Fine-

tuning，以 HRNet w18 small v1 为例，训练命令如下：

```
python train.py \
--config configs/fcn_hrnetw18_small_v1_humanseg_192x192_mini_supervisely.yml \
--save_dir saved_model/fcn_hrnetw18_small_v1_humanseg_192x192_mini_supervisely \
--save_interval 100 --do_eval --use_vdl
```

(2) 模型评估与预测。

通过执行 val.py 开始验证模型。

```
python val.py \
--config configs/fcn_hrnetw18_small_v1_humanseg_192x192_mini_supervisely.yml \
--model_path saved_model/fcn_hrnetw18_small_v1_humanseg_192x192_mini_supervisely/best_model/model.pdparams
```

使用 predict.py 进行预测，预测结果默认保存在./output/result/文件夹中。

```
python predict.py \
--config configs/fcn_hrnetw18_small_v1_humanseg_192x192_mini_supervisely.yml \
--model_path saved_model/fcn_hrnetw18_small_v1_humanseg_192x192_mini_supervisely/best_model/model.pdparams \
--image_path data/human_image.jpg
```

至此，我们就完成了使用 PaddleSeg 实现人像分割。

第5章　视频分类

互联网上图像和视频的规模日益庞大，据统计 Youtube 网站每分钟就有数百小时的视频产生，这使得研究人员急切需要研究视频相关算法来帮助人们更容易地找到感兴趣的视频。这些视频分类算法可以自动分析视频所包含的语义信息，理解其内容，对视频进行自动标注、分类和描述，达到与人媲美的准确率。大规模视频分类是继图像分类问题后的又一个急需解决的关键问题。

视频分类是指给定一个视频片段，对其中包含的内容进行分类。类别通常是动作（如做蛋糕）、场景（如海滩）及物体（如桌子）等。其中又以视频动作分类最为热门，毕竟动作本身就包含"动"态的因素，不是"静"态的图像所能描述的，因此也是最体现视频分类功底的。视频分类的主要目的是理解视频中包含的内容，确定视频对应的几个关键主题。视频分类不仅仅是要理解视频中的每一帧图像，更重要的是要理解多帧之间包含的更深层次的语义信息。视频分类的研究内容主要包括多标签的通用视频分类和人类行为识别等，如图 5.1 所示。与之密切相关的是，视频描述生成（Video Captioning）试图基于视频分类的标签，形成完整的自然语句，为视频生成包含最多动态信息的描述说明。

篮球赛

毕业生

图 5.1　视频分类示意图

在深度学习方法广泛应用之前，大多数的视频分类方法采用基于人工设计的特征和典型的机器学习方法研究行为识别和事件检测。

传统的视频分类研究专注于采用对局部时空区域的运动信息和表观（Appearance）信息编码的方式获取视频描述符，然后利用词袋（Bag of Words）模型等方式生成视频编码，最后利用视频编码来训练分类器（如 SVM），区分视频类别。视频的描述符依赖人工设计的特征，如使用运动信息获取局部时空特征的梯度直方图（Histogram of Oriented Gradients，HOG），使用不同类型轨迹的光流直方图（Histogram of Optical Flow，HOF）和运动边界直方图（Motion Boundary Histogram，MBH）。通过词袋模型或 Fisher 向量方法，这些特征可以生成视频编码。当前，基于轨迹的方法（尤其是 DT 和 IDT）是最高水平的人工设计特征算法的基础。许多研究者正在尝试改进 IDT，如通过增加字典的大小和融合多种编码方法，通过开发子采样方法生成 DT 特征的字典，在许多人体行为数据集上取得了不错的性能。

然而，随着深度神经网络的兴起，特别是 CNN、LSTM、GRU 等在视频分类中的成功应

用，其分类性能逐渐超越了基于 DT 和 IDT 的传统方法，使得这些传统方法逐渐淡出了人们的视野。深度网络为解决大规模视频分类问题提供了新的思路和方法。近年来得益于深度学习研究的巨大进展，特别是卷积神经网络(Convolutional Neural Networks，CNN)作为一种理解图像内容的有效模型，在图像识别、分割、检测和检索等方面取得了最高水平的研究成果。卷积神经网络 CNN 在静态图像识别问题中取得了空前的成功，国内外研究者也开始研究将 CNN 等深度网络应用到视频和行为分类任务中。

实践十六：基于 TSN 的视频分类

Temporal Segment Network(TSN)是视频分类领域经典的基于 2D-CNN 的解决方案。该方法主要解决视频的长时间行为判断问题。通过稀疏采样视频帧的方法代替稠密采样，既能捕获视频全局信息，也能去除冗余，降低计算量。最终将每帧特征融合后得到视频的整体特征，并用于分类。TSN 的整体过程如下：

(1) 将输入视频划分成 K 个片段，每个片段随机取一帧；

(2) 使用两个卷积网络分别提取空间和时序特征(RGB 图像和光流图像，可以只采用 RGB 分支)；

(3) 通过片段共识函数，分别融合两个分支不同片段结果；

(4) 两类共识函数的结果融合。

下面我们实现采用 ResNet-50 骨干网络的单路 TSN 网络。

步骤 1：了解 TSN 整体结构

整个 TSN 项目如图 5.2 所示，configs 文件夹中存储着网络的配置文件；model 文件夹中是网络结构搭建的部分；reader 文件用于数据集的定义和数据的读取；avi2jpg. py，用于将 hmdb51 数据中的视频文件逐帧处理为 jpg 文件并保存在以视频名称命名的文件夹下，jpg2pkl. py 和 data_list_gener. py，用于将同一视频对应的 jpg 文件转换成 pkl 文件，并划分数据集生成用于训练、验证和测集。train. py 和 infer. py 分别用于 TSN 的训练和测试。

```
|--configs                         # 配置
|--model                           # 模型
|--reader                          # 读取数据
|--data                            # 数据
|--data_list_gener.py              # 生成train、test、eval
|--infer.py                        # 模型推断
|--avi2jpg.py                      # 视频变成帧，保存为jpg
|--train.py                        # 训练脚本
|--utils.py                        # 通用工具
|--jpg2pkl.py                      # jpg变成pkl
|--config.py                       # 读取配置并生成
```

图 5.2　TSN 项目结构

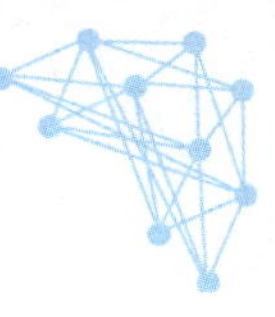

Configs 文件下的 tsn.txt 存储整个项目需要用到的超参数：

MODEL 部分主要包括数据加载的格式(jpg\pkl)、分类的数目、每个视频片段被划分成几份(seg_num)、每份中抽取几帧用于训练测试(seg_len)、图像归一化时所用的均值和方差(image_mean、image_std)等。

TRAIN、VALID、TEST、INFER 则是网络在进行训练、验证、测试、预测等阶段时需要设定的图像尺寸、读取图像的线程、批次大小及训练轮数等。

```
[MODEL]
name = "TSN"
format = "pkl"
num_classes = 51
seg_num = 3
seglen = 1
image_mean = [0.485, 0.456, 0.406]
image_std = [0.229, 0.224, 0.225]
num_layers = 50
[TRAIN]
epoch = 45
short_size = 240
target_size = 224
num_reader_threads = 1
buf_size = 1024
batch_size = 10
use_gpu = True
num_gpus = 1
filelist = "./data/hmdb_data_demo/train.list"
learning_rate = 0.01
learning_rate_decay = 0.1
l2_weight_decay = 1e-4
momentum = 0.9
total_videos = 80
[VALID]
short_size = 240
target_size = 224
num_reader_threads = 1
buf_size = 1024
batch_size = 2
filelist = "./data/hmdb_data_demo/val.list"
```

步骤 2：认识 HMDB51 数据集

1. 数据集概览

数据集采用 HMDB51 数据集，HMDB51 数据集于 2011 年由 Brown university 发布，该数据集视频多数来源于电影，还有一部分来自公共数据库以及 YouTube 等网络视频库。数据集包含 6849 段样本，分为 51 类，每类至少包含有 101 段样本。图 5.3 展示 HMDB51 的部分样本。

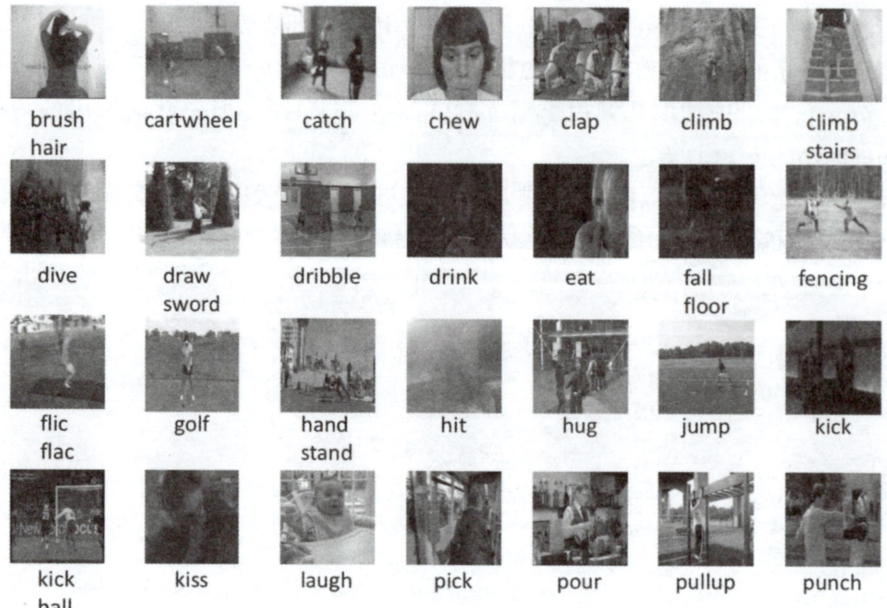

图 5.3 数据集类别

HMDB51 所包含的动作主要分为五类：

(1) 一般面部动作：微笑，大笑，咀嚼，交谈。

(2) 面部操作与对象操作：吸烟，吃，喝。

(3) 一般的身体动作：侧手翻，拍手，爬，上楼梯，跳，落在地板上，反手翻转、倒立、拉、推、跑，坐下来，坐起来，翻跟头，站起来，转身，走，跛。

(4) 与对象交互动作：梳头，抓，抽出宝剑，运球、高尔夫、打东西，球、挑、倒、推东西，骑自行车，骑马，射球，射弓、枪、摆棒球棍、舞剑，扔。

(5) 人体动作：击剑，拥抱，踢某人，亲吻，拳打，握手，剑战。

2. 数据集下载

HMDB51 数据集可在其官网下载：https://serre-lab.clps.brown.edu/resource/hmdb-a-large-human-motion-database/#Downloads。

步骤 3：视频数据处理与加载

1. 数据预处理

TSN 网络以一个视频片段的多张视频帧作为输入，因此数据处理的第一步要将视频片段提取为一张张视频帧并存储下来。在该部分遍历访问所有视频片段，对于每一个视频片段通过 OpenCV 的 VideoCapture 类进行解析，将每一张图像存储到以视频名字命名的文件下，并存储对应的 label。

```
import os
import numpy as np
import cv2
    for each_video in videos:
```

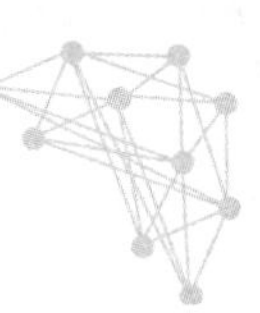

```
        cap = cv2.VideoCapture(each_video)
        frame_count = 1
        success = True
        while success:
            success, frame = cap.read()
            # print('read a new frame:', success)
            params = []
            params.append(1)
            if success:
                cv2.imwrite(each_video_save_full_path + each_video_name + "_%d.jpg" %
frame_count, frame, params)
            frame_count += 1
        cap.release()
np.save('label_dir.npy', label_dir)
```

将视频处理抽取为视频帧后，通过下面代码，将同一视频对应的 jpg 文件以及标签保存在以视频命名的 pkl 文件中，并对于每一类抽取该类视频总数的 80%为训练集，10%为验证集，10%为测试集，并分别生产训练、验证和测试集列表。

```
from multiprocessing import Pool
label_dic = np.load('label_dir.npy', allow_pickle=True).item()
for key in label_dic:
    each_mulu = key + '_jpg'
    print(each_mulu, key)
    label_dir = os.path.join(source_dir, each_mulu)
    label_mulu = os.listdir(label_dir)
    tag = 1
    for each_label_mulu in label_mulu:
        image_file = os.listdir(os.path.join(label_dir, each_label_mulu))
        image_file.sort()
        image_name = image_file[0][:-6]
        image_num = len(image_file)
        frame = []
        vid = image_name
        for i in range(image_num):
            image_path = os.path.join(os.path.join(label_dir, each_label_mulu), image_name +
'_' + str(i+1) + '.jpg')
            frame.append(image_path)
        output_pkl = vid + '.pkl'
        if tag < 9:
            output_pkl = os.path.join(target_train_dir, output_pkl)
        elif tag == 9:
            output_pkl = os.path.join(target_test_dir, output_pkl)
        elif tag == 10:
            output_pkl = os.path.join(target_val_dir, output_pkl)
        tag += 1
        f = open(output_pkl, 'wb')
        pickle.dump((vid, label_dic[key], frame), f, -1)
        f.close()
```

2. 数据集类定义

定义 HMDB51Dataset 类，用于构建训练、验证和测试过程中的数据读取器。

init 函数有 name、mode、cfg 三个输入参数，其中 name 表示模型的名字、mode 决定用于训练还是测试、cfg 则是 TSN 配置文件的路径。通过读取 cfg 配置文件来初始化输入网络的图像大小、视频划分片段、每个片段抽取的图像数目、迭代轮数等超参数。

```
def __init__(self, name, mode, cfg):
    '''初始化函数'''
    self.cfg = cfg                                                    # 相关配置
    self.mode = mode                                                  # 用于训练还是测试
    self.name = name                                                  # 模型名字
    self.format = cfg.MODEL.format                                    # 数据格式
    self.num_classes = self.get_config_from_sec('model', 'num_classes') # 数据集的类别数
    self.seg_num = self.get_config_from_sec('model', 'seg_num')
    self.seglen = self.get_config_from_sec('model', 'seglen')

    self.seg_num = self.get_config_from_sec(mode, 'seg_num', self.seg_num)
    self.short_size = self.get_config_from_sec(mode, 'short_size')
    self.target_size = self.get_config_from_sec(mode, 'target_size')
    self.num_reader_threads = self.get_config_from_sec(mode, 'num_reader_threads')
                                                                      # 读取数据的线程数
    self.buf_size = self.get_config_from_sec(mode, 'buf_size')
    self.enable_ce = self.get_config_from_sec(mode, 'enable_ce')
    self.img_mean = np.array(cfg.MODEL.image_mean).reshape([3, 1, 1]).astype(np.float32)
                                                                      # 图像均值
    self.img_std = np.array(cfg.MODEL.image_std).reshape([3, 1, 1]).astype(np.float32)
                                                                      # 图像方差
    # set batch size and file list
    self.batch_size = cfg[mode.upper()]['batch_size']                 # 数据批大小
    self.filelist = cfg[mode.upper()]['filelist']                     # 数据列表
    if self.enable_ce:
        random.seed(0)
        np.random.seed(0)
    self.samples = open(self.filelist, 'r').readlines()
    if self.mode == 'train':
        np.random.shuffle(self.samples)
```

decode_pickle 函数通过索引 idx，在事先处理好 pickle 文件中加载用于训练、验证的视频图像列表、标签或用于测试的图像列表，同时会对图像列表中的图像通过 imgs_transform 函数进行一系列的图像操作。

```
def decode_pickle(self, idx):
    '''根据给定索引，读取 pkl 形式的数据集'''
    sample = self.samples[idx].strip()
    pickle_path = sample
    try:
        if python_ver < (3, 0):
            data_loaded = pickle.load(open(pickle_path, 'rb'))        #读取 PKL 文件
```

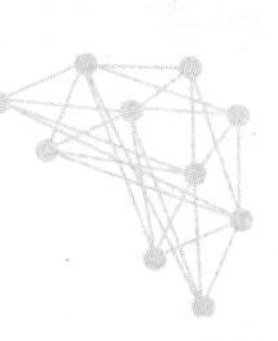

```
        else:
            data_loaded = pickle.load(open(pickle_path, 'rb'), encoding = 'bytes')
                                                                    #读取 PKL 文件

        vid, label, frames = data_loaded
        if len(frames) < 1:
            logger.error('{} frame length {} less than 1.'.format( pickle_path, len(frames)))
            return None, None
    except:
        logger.info('Error when loading {}'.format(pickle_path))
        return None, None

    if self.mode == 'train' or self.mode == 'valid' or self.mode == 'test':
        ret_label = label
    elif self.mode == 'infer':
        ret_label = vid
    imgs = video_loader(frames, self.seg_num, self.seglen, self.mode)  #读取视频图片
    return self.imgs_transform(imgs, ret_label)              #对视频图片列表进行处理并返回
```

imgs_transform 函数主要功能是对图像列表中的图像进行一系列的图像处理，包括对训练图像进行随机裁剪、水平翻转以及对测试数据进行中心裁剪；对输入网络的图像进行归一化和尺寸统一等。

```
def imgs_transform(self, imgs, label):
    '''对读取到的图片列表进行处理'''
    imgs = group_scale(imgs, self.short_size)

    if self.mode == 'train':
        #训练数据加载时进行随机裁剪和水平翻转
        if self.name == "TSN":
            imgs = group_multi_scale_crop(imgs, self.short_size)
        imgs = group_random_crop(imgs, self.target_size)
        imgs = group_random_flip(imgs)
    else:
        #测试数据加载时进行中心裁剪
        imgs = group_center_crop(imgs, self.target_size)
    np_imgs = (np.array(imgs[0]).astype('float32').transpose((2, 0, 1))).reshape(1, 3,
self.target_size, self.target_size) / 255
    for i in range(len(imgs) - 1):
        img = (np.array(imgs[i + 1]).astype('float32').transpose((2, 0, 1))).reshape(1, 3,
self.target_size, self.target_size) / 255
        np_imgs = np.concatenate((np_imgs, img))
    imgs = np_imgs
    imgs -= self.img_mean
    imgs /= self.img_std
    imgs = np.reshape(imgs,(self.seg_num, self.seglen * 3, self.target_size, self.target_size))
    return imgs, label
```

getitem 函数在迭代的过程中，通过调用 decode_pickle 返回视频图像和对应的标签，如果是测试阶段，标签会返回为空。

```
def __getitem__(self, idx):
    '''根据给定索引读取数据'''
    if self.format == 'pkl':
        # 如果数据格式是 pkl,则使用 decode_pickle 函数读取
        imgs, label = self.decode_pickle(idx)
    elif self.format == 'mp4':
        # 如果数据格式是 mp4,则使用 decode_mp4 函数读取
        imgs, label = self.decode_mp4(idx)
    else:
        raise "Not implemented format {}".format(self.format)
    return imgs, label
```

步骤 4：搭建 TSN 网络

TSN 以 Resnet 作为特征提取网络，同时提取一个视频的多帧图像特征，因此 TSN 网络的搭建过程主要是搭建 Resnet 的过程，但是在网络的输入和输出上需要进行针对的调整。

在本次实验中新出现的 API 接口有：

```
paddle.nn.AvgPool2D(kernel_size,
                    stride = None,
                    padding = 0,
                    ceil_mode = False,
                    exclusive = True,
                    divisor_override = None,
                    data_format = 'NCHW',
                    name = None):
```

该接口用于构建 AvgPool2D 类的一个可调用对象，其将构建一个二维平均池化层，根据输入参数 kernel_size，stride，padding 等对输入做平均池化操作。

- kernel_size(int|list|tuple)：池化核大小。如果它是一个元组或列表，它必须包含两个整数值，(pool_size_Height，pool_size_Width)。若为一个整数，则它的平方值将作为池化核大小，比如若 pool_size=2，则池化核大小为 2×2。
- stride(int|list|tuple，可选)：池化层的步长。如果它是一个元组或列表，它将包含两个整数，(pool_stride_Height，pool_stride_Width)。若为一个整数，则表示 H 和 W 维度上 stride 均为该值。默认值为 None，这时会使用 kernel_size 作为 stride。
- padding(str|int|list|tuple，可选)：池化填充。如果它是一个字符串，可以是"VALID"或者"SAME"，表示填充算法，计算细节可参考上述 pool_padding="SAME"或 pool_padding="VALID"时的计算公式。如果它是一个元组或列表，它可以有 3 种格式：①包含 2 个整数值：[pad_height，pad_width]；②包含 4 个整数值：[pad_height_top，pad_height_bottom，pad_width_left，pad_width_right]；③包含 4 个二元组：当 data_format 为"NCHW"时为[[0，0]，[0，0]，[pad_height_top，pad_height_bottom]，[pad_width_left，pad_width_right]]，当 data_format 为"NHWC"时为[[0，0]，[pad_height_top，pad_height_bottom]，[pad_width_left，pad_width_right]，[0，0]]。若为一个整数，则表示 H 和 W 维度上均为该值。默认值：0。

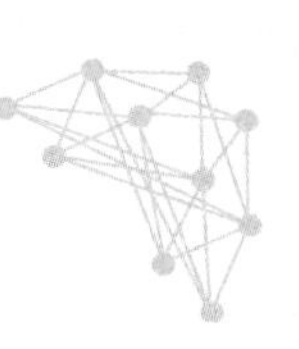

- ceil_mode(bool,可选)：是否用 ceil 函数计算输出高度和宽度。如果是 True,则使用 *ceil* 计算输出形状的大小。默认为 False。
- exclusive(bool,可选)：是否在平均池化模式忽略填充值,默认是 True。
- divisor_override(int|float,可选)：如果指定,它将用作除数,否则根据'kernel_size'计算除数。默认'None'。
- data_format(str,可选)：输入和输出的数据格式,可以是"NCHW"和"NHWC"。N 是批尺寸,C 是通道数,H 是特征高度,W 是特征宽度。默认值："NCHW"。
- name(str,可选)：函数的名字,默认为 None。

```
paddle.optimizer.Momentum(learning_rate = 0.001,
                          momentum = 0.9,
                          parameters = None,
                          use_nesterov = False,
                          weight_decay = None,
                           grad_clip = None,
                           name = None):
```

该接口实现含有速度状态的 Simple Momentum 优化器。

- learning_rate(float|_LRScheduler,可选)：学习率,用于参数更新的计算。可以是一个浮点型值或者一个_LRScheduler 类,默认值为 0.001。
- momentum(float,可选)：动量因子。
- parameters(list,可选)：指定优化器需要优化的参数。在动态图模式下必须提供该参数；在静态图模式下默认值为 None,这时所有的参数都将被优化。
- use_nesterov(bool,可选)：赋能牛顿动量,默认值 False。
- weight_decay(float|Tensor,可选)：权重衰减系数,是一个 float 类型或者 shape 为[1],数据类型为 float32 的 Tensor 类型。默认值为 0.01。
- grad_clip(GradientClipBase,可选)：梯度裁剪的策略,支持三种裁剪策略：paddle.nn.ClipGradByGlobalNorm、paddle.nn.ClipGradByNorm、paddle.nn.ClipGradByValue。默认值为 None,此时将不进行梯度裁剪。
- name(str,可选)：该参数供开发人员打印调试信息时使用,默认值为 None。

ConvBNLayer 同前面的几个实验一样,继承了 Paddle.nn.Layer,用于构建卷积+BN 的结构,这个结构是接下来搭建 TSN 网络的基础结构。ConvBNLayer 包含两部分,首先是通过 Paddle.nn.Conv2D 构建一个卷积层,紧接着通过 Paddle.nn.BatchNorm2D 实现批归一化。在调用 ConvBNLayer 的过程中通过 num_channels 等参数确定卷积核的大小、数目、步长以及激活函数等。

```
class ConvBNLayer(Layer):
    '''构建卷积 + BN 层的结合,在网络中这个组合比较常用'''
    def __init__(self,
                 name_scope,
                 num_channels,
                 num_filters,
                 filter_size,
```

```
                 stride = 1,
                 groups = 1,
                 act = None):
        '''构建卷积 + BN 的网络结构'''
        super(ConvBNLayer, self).__init__(name_scope)
        self._conv = Conv2D(
            in_channels = num_channels,
            out_channels = num_filters,
            kernel_size = filter_size,
            stride = stride,
            padding = (filter_size - 1) // 2,
            groups = groups,
            bias_attr = False
        )
        self._batch_norm = BatchNorm2D(num_filters, act = act)
    def forward(self, inputs):
        '''网络前向传播过程'''
        y = self._conv(inputs)
        y = self._batch_norm(y)
        return y
```

BottleneckBlock 与实践十四一样，是用于构建 Resnet 网络的残差模块。在 BottleneckBlock 中，输入的特征依次进入一个 1 * 1、3 * 3 和 1 * 1 的卷积，并根据选择的模式进行①或者②：

① 与原始输入特征相加；

② 进行一次 1 * 1 卷积。

```
class BottleneckBlock(Layer):
    def __init__(self,
                 name_scope,
                 num_channels,
                 num_filters,
                 stride,
                 shortcut = True):
        '''构建 BottleneckBlock 网络结构'''
        super(BottleneckBlock, self).__init__(name_scope)
        self.conv0 = ConvBNLayer(
            self.full_name(),
            num_channels = num_channels,
            num_filters = num_filters,
            filter_size = 1,
            act = 'relu')
        self.conv1 = ConvBNLayer(
            self.full_name(),
            num_channels = num_filters,
            num_filters = num_filters,
            filter_size = 3,
            stride = stride,
            act = 'relu')
        self.conv2 = ConvBNLayer(
```

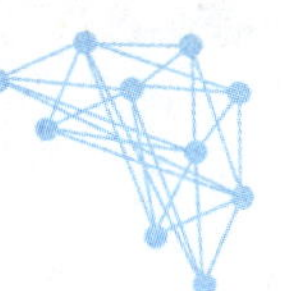

```
            self.full_name(),
            num_channels = num_filters,
            num_filters = num_filters * 4,
            filter_size = 1,
            act = None)
        if not shortcut:
            self.short = ConvBNLayer(
                self.full_name(),
                num_channels = num_channels,
                num_filters = num_filters * 4,
                filter_size = 1,
                stride = stride)
        self.shortcut = shortcut
        self._num_channels_out = num_filters * 4
    def forward(self, inputs):
        '''网络前向传播过程'''
        y = self.conv0(inputs)
        conv1 = self.conv1(y)
        conv2 = self.conv2(conv1)
        if self.shortcut:
            short = inputs
        else:
            short = self.short(inputs)
        y = paddle.add(x = short, y = conv2)
        layer_helper = paddle.incubate.LayerHelper(self.full_name(), act = 'relu')
        return layer_helper.append_activation(y)
```

构建 TSN 网络，在这部分首先通过一个大小为 7 * 7 步长为 2 的卷积和池化操作下采样图像，紧接着通过 BottleneckBlock 搭建 50、101 或 152 层的 ResNet 网络提取特征。值得注意的是，得到的特征在经过平均池化后，还要经过一次 reshape。TSN 要同时提取一个视频中多个帧的特征，多帧图像会叠加在一起作为网络的输入（相当于扩充了一个维度），因此得到特征后要经过 reshape 重新分离成单帧图像的特征。

```
class TSNResNet(Layer):
    def __init__(self, name_scope, layers = 50, class_dim = 102, seg_num = 10, weight_devay = None):
        super(TSNResNet, self).__init__(name_scope)
        self.layers = layers
        self.seg_num = seg_num
        supported_layers = [50, 101, 152]
        assert layers in supported_layers, "supported layers are {} but input layer is {}".
format(supported_layers, layers)
        depth = [3, 4, 6, 3]
        num_filters = [64, 128, 256, 512]
        self.conv = ConvBNLayer(self.full_name(),
num_channels = 3,num_filters = 64,filter_size = 7,stride = 2,act = 'relu')
        self.pool2d_max = MaxPool2D(kernel_size = 3,stride = 2,padding = 1)
        self.bottleneck_block_list = []
        num_channels = 64
        for block in range(len(depth)):
```

```
            shortcut = False
            for i in range(depth[block]):
                bottleneck_block = self.add_sublayer(
                    'bb_%d_%d' % (block, i),
                    BottleneckBlock(
                        self.full_name(),
                        num_channels = num_channels,
                        num_filters = num_filters[block],
                        stride = 2 if i == 0 and block != 0 else 1,
                        shortcut = shortcut))
                num_channels = bottleneck_block._num_channels_out
                self.bottleneck_block_list.append(bottleneck_block)
                shortcut = True
        self.pool2d_avg = AvgPool2D(kernel_size = 7)
        import math
        stdv = 1.0 / math.sqrt(2048 * 1.0)
        self.out = Linear(
            in_features = num_channels,
            out_features = class_dim,
        )
        self.softmax = Softmax()
        self.metric = paddle.metric.Accuracy()
```

对于输入网络的多帧图像，会首先经过 reshape 操作进行融合，之后通过 TSN 网络的各层网络。提取特征之后，再通过 reshape 操作将特征划分为不同帧图像对应的特征。

```
def forward(self, inputs, label = None):
    '''网络前向传播过程'''
    out = paddle.reshape(inputs, [-1, inputs.shape[2], inputs.shape[3], inputs.shape[4]])
    y = self.conv(out)
    y = self.pool2d_max(y)
    for bottleneck_block in self.bottleneck_block_list:
        y = bottleneck_block(y)
    y = self.pool2d_avg(y)
    y = paddle.reshape(x = y, shape = [-1, self.seg_num, y.shape[1]])
    y = paddle.mean(y, axis = 1)
    out = self.out(y)
    y = self.softmax(out)
    if label is not None:
        acc = paddle.mean(self.metric.compute(pred = y, label = label))
        return out, acc
    else:
        return y
```

步骤 5：训练 TSN 网络

定于 train 类：首先通过 pddle.set_device 设置使用 CPU 或是 GPU 进行训练，然后根据配置及文件中的内容，通过 TSNResNet 类创建用于训练的网络 train_model。

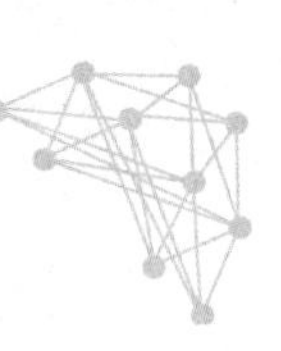


```
def train(args):
    # 设置在 GPU 上训练还是在 CPU 上训练
    place = "gpu" if args.use_gpu else "cpu"
    paddle.set_device(place)
    # 进行训练参数配置
    config = parse_config(args.config)
    train_config = merge_configs(config, 'train', vars(args))
    print_configs(train_config, 'Train')
    # 创建训练网络
    train_model = TSN1.TSNResNet('TSN', train_config['MODEL']['num_layers'],
                                 train_config['MODEL']['num_classes'],
                                 train_config['MODEL']['seg_num'], 0.00002)
```

通过 paddle. optimizer. Momentum 定义优化器，并加载预训练模型或之前训练的模型参数。

```
# 创建网络优化器
opt = paddle.optimizer.Momentum(0.001, 0.9, parameters = train_model.parameters())
if args.pretrain:
    # 加载上一次训练的模型,继续训练
    state_dict = paddle.load(args.save_dir + '/tsn_model.pdparams')
    train_model.set_state_dict(state_dict)

if not os.path.exists(args.save_dir):
    os.makedirs(args.save_dir)
```

通过 HMBD51Dataset 类和 paddle. io. DataLoader 创建训练数据读取器，并通过 paddle. nn. CrossEntropyLoss 实现交叉熵损失。

```
# 创建训练数据读取器
train_reader = HMBD51Dataset(args.model_name.upper(), 'train', train_config)
traindataloder = paddle.io.DataLoader(train_reader, batch_size = train_config.TRAIN.batch_size,
                                      num_workers = 0, collate_fn = train_reader.collate_fn)
epochs = args.epoch or train_model.epoch_num()
# 定义损失函数计算方式
ce_loss = paddle.nn.CrossEntropyLoss()
```

整个数据集训练 epochs 次，对于数据读取器每次返回的图像和标注输入网络，并计算输出和标注之间的交叉熵损失。通过 backward()进行反向传播，学习网络的参数。每次反向转播后，通过 opt. clear_grad()清空梯度，并在训练的过程中输出网络的损失和精度。

```
for i in range(epochs):
    for batch_id, data in enumerate(traindataloder):
        img = data[0].astype('float32')
        label = data[1].astype('int64')
        label.stop_gradient = True
        # 进行网络前向传播
        out, acc = train_model(img, label)
        # 计算损失
        loss = ce_loss(out, label)
```

```
        avg_loss = loss
        avg_loss.backward()        # 进行反向传播
        opt.step()
        opt.clear_grad()
        if batch_id % 10 == 0:
            # 进行模型保存
            logger.info("Loss at epoch {} step {}: {}, acc: {}".format(i, batch_id, avg_loss.numpy(), acc.numpy()))
            print("Loss at epoch {} step {}: {}, acc: {}".format(i, batch_id, avg_loss.numpy(), acc.numpy()))
            paddle.save(train_model.state_dict(), args.save_dir + '/tsn_model.pdparams')
    logger.info("Final loss: {}".format(avg_loss.numpy()))
    print("Final loss: {}".format(avg_loss.numpy()))
```

网络的训练过程如图 5.4 所示。

```
WU412 19:58:05.2204/2 12969 device_context.cc:372] device: 0, cuDNN
Loss at epoch 0 step 0: [4.054985], acc: [0.2]
Loss at epoch 0 step 1: [3.5705905], acc: [0.2]
Loss at epoch 0 step 2: [4.8680696], acc: [0.1]
Loss at epoch 0 step 3: [3.4408088], acc: [0.4]
Loss at epoch 0 step 4: [2.1347373], acc: [0.5]
Loss at epoch 0 step 5: [1.670853], acc: [0.3]
Loss at epoch 0 step 6: [2.4477277], acc: [0.1]
Loss at epoch 0 step 7: [2.1186583], acc: [0.1]
Final loss: [2.1186583]
Loss at epoch 1 step 0: [2.5484908], acc: [0.3]
Loss at epoch 1 step 1: [2.3663619], acc: [0.2]
Loss at epoch 1 step 2: [3.6884594], acc: [0.1]
Loss at epoch 1 step 3: [1.8204875], acc: [0.1]
```

图 5.4 训练过程

步骤 6：视频预测

模型预测部分整体与训练部分相似，首先读取配置文件并创建网络，然后加载训练后的参数，并通过 HMDB51Dataset 创建预测数据读取器。

```
def infer(args):
    #进行推理参数配置
    config = parse_config(args.config)
    infer_config = merge_configs(config, 'infer', vars(args))
    print_configs(infer_config, "Infer")
    # 创建网络
    infer_model = TSN1.TSNResNet('TSN', infer_config['MODEL']['num_layers'],
                                 infer_config['MODEL']['num_classes'],
                                 infer_config['MODEL']['seg_num'], 0.00002)

    label_dic = np.load('label_dir.npy', allow_pickle=True).item()
    label_dic = {v: k for k, v in label_dic.items()}
    infer_reader = HMDB51Dataset(args.model_name.upper(), 'infer', infer_config)
```

```
    # 如果没有权重文件,则停止
    if args.weights:
        weights = args.weights
    else:
        print("model path must be specified")
        exit()
    # 加载训练好的模型
    state_dict = paddle.load(weights)
    infer_model.set_state_dict(state_dict)
    infer_model.eval()
```

与训练过程不同的是,在预测过程中数据读取器只返回图像。同时网络也直接输出预测的结果,不需要再计算损失、反向传播梯度。

```
acc_list = []
for batch_id, data in enumerate(infer_reader):
    img = data[0].astype('float32')
    img = paddle.to_tensor(img[np.newaxis, :])
    y_data = data[1]
    out = infer_model(img).numpy()[0]      # 进行网络前向传播,预测结果
    label_id = np.where(out == np.max(out))
    print("实际标签{}, 预测结果{}".format(y_data, label_dic[label_id[0][0]]))
```

至此,我们就完成了 TSN 网络的搭建、训练和预测过程。

实践十七:基于 ECO 的视频分类

Efficient Convolutional network for Online video understanding(ECO)是视频分类领域经典的基于 2D-CNN 和 3D-CNN 融合的解决方案。该方法主要解决视频的长时间行为判断问题,通过稀疏采样视频帧的方式代替稠密采样,既能捕获视频全局信息,也能去除冗余,降低计算量。最终将 2D-CNN 和 3D-CNN 融合后得到视频的整体特征,并用于分类。本代码实现的模型为基于单路 RGB 图像的 ECO-full 网络结构,2D-CNN 部分采用修改后的 Inception 结构。3D-CNN 部分采用裁剪后的 3DResNet18 结构。ECO 的模型结构如图 5.5 所示。

步骤 1:认识 ECO 整体结构

整个 ECO 项目如图 5.6 所示,configs 文件夹中存储着网络的配置文件,同时 config.py 用于加载 configs 文件中存储的配置文件;model 文件夹中是网络结构搭建的部分,分为两个部分,分别是 3D 卷积部分和 ECO 整体网络结构;best_model 文件下存储训练过程中最优的网络参数;result 下存储网络训练过程中的数据;reader.py 用于数据集的定义和数据的读取;avi2jpg.py,用于将 ucf101 数据中的视频文件逐帧处理为 jpg 文件并保存在以视频名称命名的文件夹下;jpg2pkl.py 和 data_list_gener.py,用于将同一视频对应的 jpg 文件转换成 pkl 文件,并划分数据集生成训练、验证和测试集;train.py 和 infer.py 分别用于 TSN 的训练和测试。

Temporal stacking of feature maps
Action
3D Net
($\mathcal{H}_{3d}$)
Input to 3D Net
K×[N×28×28]
K×28×28
Feature Maps
Weight Sharing
2D Net($\mathcal{H}_{2d}$)
Video(V)
S_1
S_2
S_N

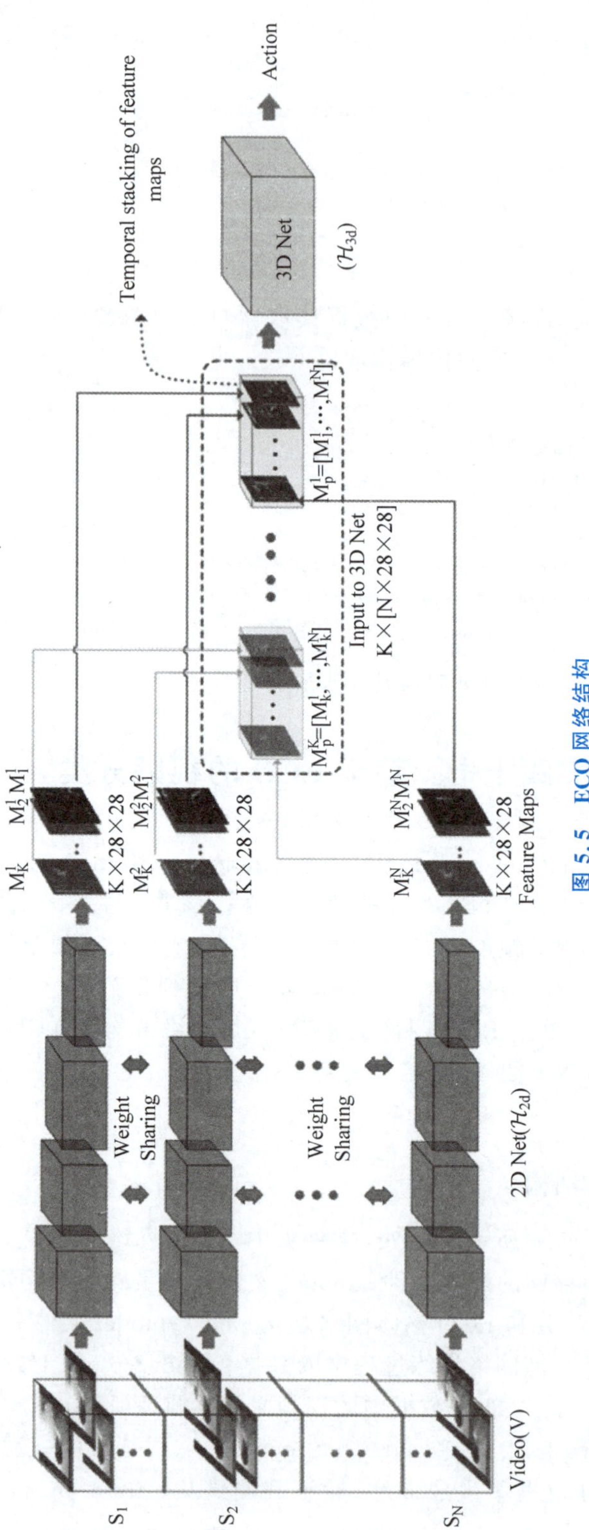

图 5.5 ECO网络结构

```
|--configs                              # 配置
|--model                                # 模型
|--best_model                           # 训练好的模型
|--result                               # 训练过程中的数据
|--reader                               # 读取数据
|--data                                 # 数据
|--data_list_gener.py                   # 生成train、test、eval
|--test.py                              # 模型测试
|--avi2jpg.py                           # 视频变成帧，保存为jpg，图片质量95
|--train.py                             # 训练脚本
|--utils.py                             # 通用工具
|--jpg2pkl.py                           # jpg变成pkl
|--config.py                            # 读取配置并生成
```

图 5.6　ECO 项目结构

步骤 2：认识 UCF101 数据集

1. 数据集概览

UCF101 是一个现实动作视频的动作识别数据集，收集自 YouTube，提供了来自 101 个动作类别的 13 320 个视频。UCF101 是 UCF50 数据集的扩展。

UCF101 在动作方面提供了最大的多样性，并且在摄像机运动、对象外观和姿态、对象规模、视点、杂乱背景、照明条件等方面有很大的改善。101 个动作类别中的视频被分成 25 组，每组中每一个动作会包含 4～7 个视频。同一组的视频可能有一些共同的特点，比如相似的背景，相似的观点等。

UCF101 解压后就是分类数据集的标准目录格式，二级目录名为人类活动类别也就是视频的标签，二级目录下就是对应的视频数据。每个短视频时长不等，分辨率为 320×240，帧率不固定，一般为 25 帧或 29 帧，一个视频中只包含一类动作行为。

预处理时需要将 UCF101 中的视频数据逐帧分解为图像。相同的活动下，有不同的视频是截取自同一个长视频的片段，即视频中的人物和背景等特征基本相似。因此为了避免此类视频被分别划分到 train 和 test 集合引起训练效果不合实际而精度过高，UCF 提供了标准的 train 和 test 集合检索文件，有三种数据集划分方案。

2. 数据集下载

UCF101 数据集可通过链接下载：https://www.crcv.ucf.edu/data/UCF101/UCF101.rar。

步骤 3：视频预处理与加载

ECO 跟 TSN 网络在数据加载部分一样，需要将一个视频片段的多张视频帧作为输入，数据加载部分不再赘述。

步骤 4：搭建 ECO 网络

ECO 的网络结构分为 2DNet、3DNet 和 2DNets 三个部分（见图 5.7），其中 2D Net 用于从视频帧中提取特征，3DNet 和 2DNets 用于融合各个视频帧的特征。

2DNet 和 2DNets 采用的是 BN-Inception 架构，其中 2DNet 采用的 BN-Inception 架构

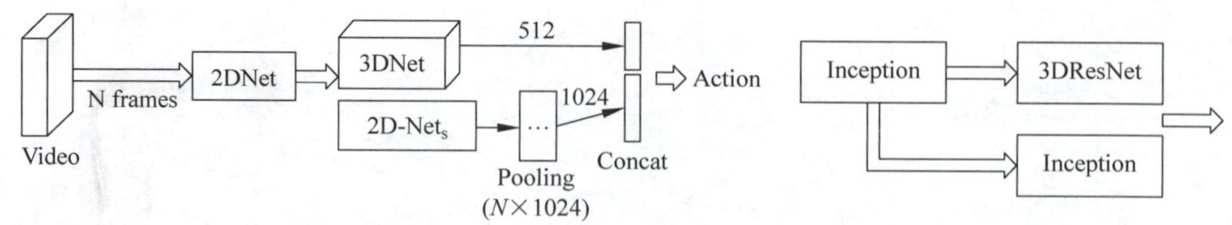

图 5.7　ECO 网络结构简图

的第一部分：Inception(3a)、Inception(3b)、Inception(3c)，2DNets 采用则是 Inception(4a)层到最后的池化层。3DNet 的网络结构如图 5.8 所示，采用 3D-ResNet18 结构。

layer name	output size	2D-Net(H_{2D})	layer name	output size	3D-Net(H_{3D})
conv1_x	112×112	[2D conv 7×7 64]	conv3_x	28×28×N	$\begin{bmatrix}\text{3D conv } 3\times3\times3\ 128\\ \text{3D conv } 3\times3\times3\ 128\end{bmatrix}\times 2$
pool1	56×56	[max pool 3×3]	conv4_x	14×14×$\lfloor N/2\rfloor$	$\begin{bmatrix}\text{3D conv } 3\times3\times3\ 256\\ \text{3D conv } 3\times3\times3\ 256\end{bmatrix}\times 2$
conv2_x	56×56	[2D conv 3×3 192]	conv5_x	7×7×$\lfloor N/4\rfloor$	$\begin{bmatrix}\text{3D conv } 3\times3\times3\ 512\\ \text{3D conv } 3\times3\times3\ 512\end{bmatrix}\times 2$
pool2	28×28	[max pool 3×3]		1×1×1	pooling, "#c"-d fc, softmax
inception(3a)	28×28	[-256]	—	—	—
inception(3b)	28×28	[-320]	—	—	—
inception(3c)	28×28	[-96]	—	—	—

图 5.8　3D-ResNet18 网络

在本次实验中新出现的 API 接口有：

```
paddle.nn.Conv3D(in_channels,
                 out_channels,
                 kernel_size,
                 stride = 1,
                 padding = 0,
                 dilation = 1,
                 groups = 1,
                 padding_mode = 'zeros',
                 weight_attr = None,
                 bias_attr = None,
                 data_format = 'NCDHW'):
```

该 OP 是三维卷积层(convolution3D layer)，根据输入、卷积核、步长(stride)、填充(padding)、空洞大小(dilations)一组参数计算得到输出特征层大小。输入和输出是 NCDHW 或 NDHWC 格式，其中 N 是批尺寸，C 是通道数，D 是特征层深度，H 是特征层高度，W 是特征层宽度。三维卷积(Convlution3D)和二维卷积(Convlution2D)相似，但多了一维深度信息(depth)。如果 bias_attr 不为 False，卷积计算会添加偏置项。

- in_channels(int)：输入图像的通道数。
- out_channels(int)：由卷积操作产生的输出的通道数。
- kernel_size(int|list|tuple)：卷积核大小。可以为单个整数或包含三个整数的元组或列表，分别表示卷积核的深度、高和宽。如果为单个整数，表示卷积核的深度、高

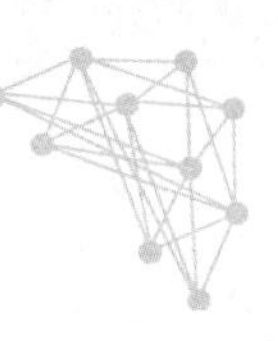

和宽都等于该整数。

- stride(int|list|tuple,可选)：步长大小。可以为单个整数或包含三个整数的元组或列表,分别表示卷积沿着深度、高和宽的步长。如果为单个整数,表示沿着高和宽的步长都等于该整数。默认值：1。
- padding(int|list|tuple|str,可选)：填充大小。如果它是一个字符串,可以是"VALID"或者"SAME",表示填充算法,计算细节可参考上述 padding="SAME"或 padding="VALID"时的计算公式。如果它是一个元组或列表,它可以有 3 种格式：①包含 5 个二元组：当 data_format 为"NCDHW"时为[[0,0],[0,0],[padding_depth_front,padding_depth_back],[padding_height_top,padding_height_bottom],[padding_width_left,padding_width_right]],当 data_format 为"NDHWC"时为[[0,0],[padding_depth_front,padding_depth_back],[padding_height_top,padding_height_bottom],[padding_width_left,padding_width_right],[0,0]]；②包含 6 个整数值：[padding_depth_front,padding_depth_back,padding_height_top,padding_height_bottom,padding_width_left,padding_width_right]；③包含 3 个整数值：[padding_depth,padding_height,padding_width],此时 padding_depth_front=padding_depth_back=padding_depth,padding_height_top=padding_height_bottom=padding_height,padding_width_left=padding_width_right=padding_width。若为一个整数,padding_depth=padding_height=padding_width=padding。默认值：0。
- dilation(int|list|tuple,可选)：空洞大小。可以为单个整数或包含三个整数的元组或列表,分别表示卷积核中的元素沿着深度、高和宽的空洞。如果为单个整数,表示深度、高和宽的空洞都等于该整数。默认值：1。
- groups(int,可选)：三维卷积层的组数。根据 Alex Krizhevsky 的深度卷积神经网络(CNN)论文中的成组卷积：当 group=n,输入和卷积核分别根据通道数量平均分为 n 组,第一组卷积核和第一组输入进行卷积计算,第二组卷积核和第二组输入进行卷积计算……第 n 组卷积核和第 n 组输入进行卷积计算。默认值：1。
- padding_mode(str,可选)：填充模式。包括'zeros','reflect','replicate'或者'circular'。默认值：'zeros'。
- weight_attr(ParamAttr,可选)：指定权重参数属性的对象。默认值为 None,表示使用默认的权重参数属性。
- bias_attr(ParamAttr|bool,可选)：指定偏置参数属性的对象。若 bias_attr 为 bool 类型,只支持为 False,表示没有偏置参数。默认值为 None,表示使用默认的偏置参数属性。
- data_format(str,可选)：指定输入的数据格式,输出的数据格式将与输入保持一致,可以是"NCDHW"和"NDHWC"。N 是批尺寸,C 是通道数,D 是特征深度,H 是特征高度,W 是特征宽度。默认值："NCDHW"。

```
paddle.nn.BatchNorm3D(num_features,
                      momentum = 0.9,
                      epsilon = 1e - 05,
```

```
                    weight_attr = None,
                    bias_attr = None,
                    data_format = 'NCDHW',
                    name = None):
```

该接口用于构建 BatchNorm3D 类的一个可调用对象。可以处理 4D 的 Tensor，实现了批归一化层(Batch Normalization Layer)的功能，可用作卷积和全连接操作的批归一化函数，根据当前批次数据按通道计算的均值和方差进行归一化。

- num_features(int)：指明输入 Tensor 的通道数量。
- epsilon(float，可选)：为了数值稳定加在分母上的值。默认值：1e-05。
- momentum(float，可选)：此值用于计算 moving_mean 和 moving_var。默认值：0.9。
- weight_attr(ParamAttr|bool，可选)：指定权重参数属性的对象。如果为 False，则表示每个通道的伸缩固定为 1，不可改变。默认值为 None，表示使用默认的权重参数属性。
- bias_attr(ParamAttr，可选)：指定偏置参数属性的对象。如果为 False，则表示每一个通道的偏移固定为 0，不可改变。默认值为 None，表示使用默认的偏置参数属性。
- data_format(string，可选)：指定输入数据格式，数据格式可以为"NCDHW"。默认值："NCDHW"。
- name(string，可选)：BatchNorm 的名称，默认值为 None。

```
paddle.nn.AdaptiveAvgPool3D(output_size,
                            data_format = 'NCDHW',
                            name = None):
```

该算子根据输入 x，output_size 等参数对一个输入 Tensor 计算 3D 的自适应平均池化。输入和输出都是 5-D Tensor，默认是以 NCDHW 格式表示的，其中 N 是 batch size，C 是通道数，D 是特征图长度，H 是输入特征的高度，W 是输入特征的宽度。

- output_size(int|list|tuple)：算子输出特征图的尺寸，如果其是 list 或 turple 类型的数值，必须包含三个元素，D，H 和 W。D，H 和 W 既可以是 int 类型值也可以是 None，None 表示与输入特征尺寸相同。
- data_format(str，可选)：输入和输出的数据格式，可以是"NCDHW"和"NDHWC"。N 是批尺寸，C 是通道数，D 是特征长度，H 是特征高度，W 是特征宽度。默认值："NCDHW"。
- name(str，可选)：操作的名称(可选，默认值为 None)。

3DNet：3DNet 采用的是 3D-ResNet18 的网络结构，首先搭建 3D-ResNet18 的基础结构 ConvBNLayer_3d。

ConvBNLayer_3d 与前面章节的 ConvBNLayer 相似，但是得继承 paddle.nn.Layer，对于输入的特征首先经过 paddle.nn.Conv3D 和 paddle.nn.BatchNorm3D 进行 3D 卷积和 BatchNorm。

```
class ConvBNLayer_3d(nn.Layer):
    def __init__(self,
                 name_scope,
                 num_channels,
```

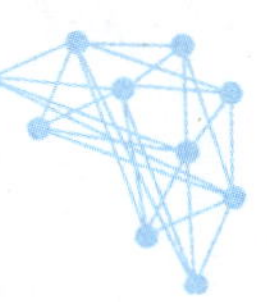

```
                    num_filters,
                    filter_size,
                    stride = 1,
                    groups = 1,
                    act = None):
        super(ConvBNLayer_3d, self).__init__(name_scope)

        self._conv = Conv3D(
            in_channels = num_channels,
            out_channels = num_filters,
            kernel_size = filter_size,
            stride = stride,
            padding = (filter_size - 1) // 2,
            groups = groups,
            bias_attr = False)
        self._batch_norm = BatchNorm3D (num_filters, act = act)
    def forward(self, inputs):
        y = self._conv(inputs)
        y = self._batch_norm(y)
        return y
```

BottleneckBlock_3d 用于构建 3D 残差块。与 2D 的残差块相似，将输入的特征顺序经过两次 Conv3D+BN，得到特征再与输入的特征相加，构成跳跃链接的残差结构。在不进行跳跃链接时，顺序经过三次 Conv3D+BN。

```
class BottleneckBlock_3d(nn.Layer):
    def __init__(self,name_scope,num_channels, num_filters,stride,
shortcut = True):
        super(BottleneckBlock_3d, self).__init__(name_scope)
        self.conv0 = ConvBNLayer_3d(self.full_name(),
num_channels = num_channels,num_filters = num_filters,filter_size = 3,act = 'relu')
        self.conv1 = ConvBNLayer_3d(self.full_name(),
            num_channels = num_filters,num_filters = num_filters,filter_size = 3,
            stride = stride,act = 'relu')
        if not shortcut:
            self.short = ConvBNLayer_3d(self.full_name(),
            num_channels = num_channels,num_filters = num_filters,filter_size = 3,
stride = stride)
        self.shortcut = shortcut
        self._num_channels_out = num_filters
    def forward(self, inputs):
        y = self.conv0(inputs)
        conv1 = self.conv1(y)
        if self.shortcut:
            short = inputs
        else:
            short = self.short(inputs)
        y = paddle.add(x = short, y = conv1)
        layer_helper = paddle.incubate.LayerHelper(self.full_name(), act = 'relu')
        return layer_helper.append_activation(y)
```

ResNet3D 用于构建 3D-ResNet18 网络。根据 3D-ResNet18 的网络结构，先后经过 3 组（每组两个）卷积核数目分别为 128、256、512 的 3D 残差块。最后通过 paddle. nn. AdaptiveAvgPool3D 实现 3D 的平均池化，得到最后的特征。

```
class ResNet3D(nn.Layer):
    def __init__(self, name_scope, channels, modality="RGB"):
        super(ResNet3D, self).__init__(name_scope)
        self.modality = modality
        self.channels = channels
        # self.pool3d=nn.AvgPool3D(kernel_size=7,stride=1)
        self.pool3d = nn.AdaptiveAvgPool3D(output_size=1)
        ###### begin of 3D network
        depth_3d = [2, 2, 2] # part of 3dresnet18
        num_filters_3d = [128, 256, 512]
        self.bottleneck_block_list_3d = []
        num_channels_3d = self.channels
        for block in range(len(depth_3d)):
            shortcut = False
            for i in range(depth_3d[block]):
                bottleneck_block = self.add_sublayer(
                    'bb_%d_%d' % (block, i),
                    BottleneckBlock_3d(
                        self.full_name(),
                        num_channels=num_channels_3d,
                        num_filters=num_filters_3d[block],
                        stride=2 if i == 0 and block != 0 else 1,
                        shortcut=shortcut))
                num_channels_3d = bottleneck_block._num_channels_out
                self.bottleneck_block_list_3d.append(bottleneck_block)
                shortcut = True
    #### end of 3D network
    def forward(self, inputs, label=None):
        y = inputs
        for bottleneck_block in self.bottleneck_block_list_3d:
            y = bottleneck_block(y)
        y = self.pool3d(y)
        return y
```

构建完 3Dnet 后，接下来要构建 2DNet 和 2DNets，继而构建整个 ECO 网络结构。ConvBNLayer 构建一个卷积+BN 的操作作为搭建 ECO 的 2D 网络基础模块，具体详见实践十六卷积+BN 部分。

LinConPoo 是类实现 BN-Inception 网络结构的基础结构。LinConPoo 类将根据输入的列表内容，依次根据列表中的网络层搭建网络结构。

```
class LinConPoo(Layer):
    def __init__(self, sequence_list):
        '''
          实际上该类是用于'ConvBNLayer', 'Conv2D', 'AvgPool2D', 'MaxPool2D', 'Linear'的排列组合
        super(LinConPoo, self).__init__()
        self.__sequence_list = copy.deepcopy(sequence_list)
        # 参数有效检验
```

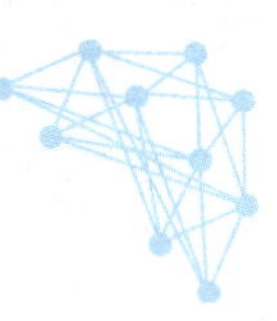

```
        # 每一层模型序列
        self._layers_squence = Sequential()
        self._layers_list = []
        LAYLIST = [ConvBNLayer, Conv2D, Linear, AvgPool2D, MaxPool2D]
        for i, layer_arg in enumerate(self.__sequence_list):
            # 不改变原来字典或者列表的值
            # layer_arg = layer_arg.copy()
            # 每一层传入的有可能是列表,也有可能是字典
            if isinstance(layer_arg, dict):
                layer_class = layer_arg.pop('type')
                # 实例化该层对象
                layer_obj = layer_class(**layer_arg)
            elif isinstance(layer_arg, list):
                layer_class = layer_arg.pop(0)
                # 实例化该层对象
                layer_obj = layer_class(*layer_arg)
            else:
                raise ValueError("sequence_list 中, 每一个元素必须是列表或字典")
            # 指定该层的名字
            layer_name = layer_class.__name__ + str(i)
            # 将每一层添加到 'self._layers_list' 中
            self._layers_list.append((layer_name, layer_obj))
            self._layers_squence.add_sublayer(*(layer_name, layer_obj))
        self._layers_squence = Sequential(*self._layers_list)
    def forward(self, inputs, show_shape=False):
        return self._layers_squence(inputs)
```

接下来我们要构建整个 BN-Inception 网络的各个模块,如图 5.9 所示,BN-Inception 由 Inception(3a)、Inception(3b)、Inception(3c)、Inception(4a)、Inception(4b)、Inception(4c)、Inception(4d)、Inception(4e)、Inception(5a)、Inception(5b)多个模块组成。可以看到除了

type	patch size/ stride	output size	depth	#1×1	#3×3 reduce	#3×3	double#3×3 reduce	double #3×3	Pool+proj
convolution*	7×7/2	112×112×64	1						
max pool	3×3/2	56×56×64	0						
convolution	3×3/1	56×56×192	1		64	192			
max pool	3×3/2	28×28×192	0						
inception(3a)		28×28×256	3	64	64	64	64	96	avg+32
inception(3b)		28×28×320	3	64	64	96	64	96	avg+64
inception(3c)	stride 2	28×28×576	3	0	128	160	64	96	max+pass through
inception(4a)		14×14×576	3	224	64	96	96	128	avg+128
inception(4b)		14×14×576	3	192	96	128	96	128	avg+128
inception(4c)		14×14×576	3	160	128	160	128	160	avg+128
inception(4d)		14×14×576	3	96	128	192	160	192	avg+128
inception(4e)	stride 2	14×14×1024	3	0	128	192	192	256	max+pass through
inception(5a)		7×7×1024	3	352	192	320	160	224	avg+128
inception(5b)		7×7×1024	3	352	192	320	192	224	max+128
avg pool	7×7/1	1×1×1024	0						

图 5.9 BN-Inception 网络结构

Inception(3c)、Inception(4c)、Inception(5a)、Inception(5b)之外，其他层之间只是通道数目上的差异。而 Inception(3c)类、Inception(4c)类、Inception(5a)类、Inception(5b)类则是采用了不同池化方式和步长。因此在这部分我们需要分别构建 Inception 类、Inception(3c)类、Inception(4c)类、Inception(5a)类、Inception(5b)类。

Inception 类用于构建 BN-Inception 网络的绝大多数模块。其结构如图 5.10 所示，输入的特征并行地进行 1＊1 卷积＋3＊3 卷积＋3＊3 卷积、1＊1＋3＊3 卷积、池化＋1＊1 卷积、1＊1 卷积四个支路，并将 4 个支路的特征融合。

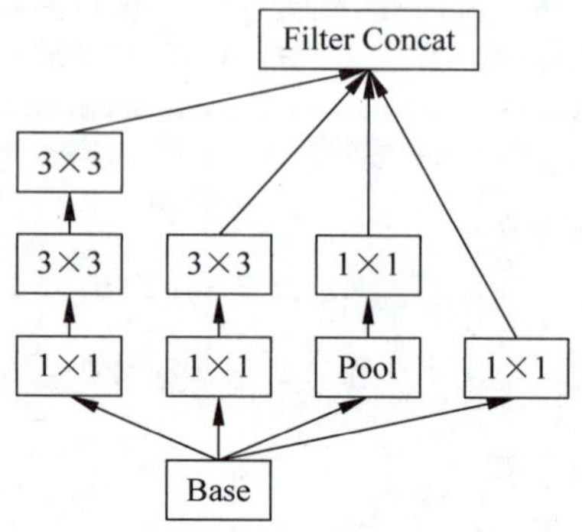

图 5.10 Inception 类结构示意

其中 num_channels 表示传入特征通道数；ch1×1 表示 1＊1 卷积操作的输出通道数；ch3×3reduced 表示 3＊3 卷积之前的 1＊1 卷积的通道数；ch3×3 表示 3＊3 卷积操作的输出通道数；doublech3×3reduce 表示两个 3＊3 卷积叠加之前的 1＊1 卷积的通道数；doublech3×3_1 表示第一个 3＊3 卷积操作的输出通道数；doublech3×3_2 表示第二个 3＊3 卷积操作的输出通道数；pool_proj 表示池化操作之后 1＊1 卷积的通道数。

```
class Inception(nn.Layer):
    def __init__(self, num_channels, ch1×1, ch3×3reduced, ch3×3, doublech3×3reduced,
doublech3×3_1, doublech3×3_2,
                pool_proj):
              super(Inception, self).__init__()
        branch1_list = [
            {'type': ConvBNLayer, 'num_channels': num_channels, 'num_filters': ch1x1, 'filter_
size': 1, 'stride': 1,
             'padding': 0, 'act': 'relu'},
        ]
        self.branch1 = LinConPoo(branch1_list)
        branch2_list = [
            {'type': ConvBNLayer, 'num_channels': num_channels, 'num_filters': ch3x3reduced,
'filter_size': 1,
             'stride': 1, 'padding': 0, 'act': 'relu'},
            {'type': ConvBNLayer, 'num_channels': ch3x3reduced, 'num_filters': ch3x3, 'filter_
size': 3, 'stride': 1,
             'padding': 1, 'act': 'relu'},
        ]
        self.branch2 = LinConPoo(branch2_list)
        branch3_list = [
            {'type': ConvBNLayer, 'num_channels': num_channels, 'num_filters': doublech3x3reduced,
'filter_size': 1,
             'stride': 1, 'padding': 0, 'act': 'relu'},
            {'type': ConvBNLayer, 'num_channels': doublech3x3reduced, 'num_filters': doublech3x3_1,
'filter_size': 3,
             'stride': 1, 'padding': 1, 'act': 'relu'},
            {'type': ConvBNLayer, 'num_channels': doublech3x3_1, 'num_filters': doublech3x3_2,
```

```
'filter_size': 3,
                'stride': 1, 'padding': 1, 'act': 'relu'},
            ]
            self.branch3 = LinConPoo(branch3_list)
            branch4_list = [
                {'type': AvgPool2D, 'kernel_size': 3, 'stride': 1, 'padding': 1},
                {'type': ConvBNLayer, 'num_channels': num_channels, 'num_filters': pool_proj,
'filter_size': 1, 'stride': 1,
                'padding': 0, 'act': 'relu'},
            ]
            self.branch4 = LinConPoo(branch4_list)
        def forward(self, inputs):
            branch1 = self.branch1(inputs)
            branch2 = self.branch2(inputs)
            branch3 = self.branch3(inputs)
            branch4 = self.branch4(inputs)
            outputs = paddle.concat([branch1, branch2, branch3, branch4], axis = 1)
            return outputs
```

Inception(3c)类、Inception(4c)类、Inception(5a)类、Inception(5b)类相对比 Inception 类主体上较相似。通过多个 LinConPoo 实例实现，仅在结构上有一些差异，在本部分不展开描述，详细可参照 Inception 类。

接下来就要搭建整个 ECO 网络。这部分主要通过之前定义好的 ResNet3D、Inception 的各个模块类，实现搭建 ECO 的整体网络结构的搭建：

```
class GoogLeNet (nn.Layer):
    def __init__(self, class_dim = 101, seg_num = 12, seglen = 1, modality = "RGB", weight_
devay = None):
            self.seg_num = seg_num
            self.seglen = seglen
            self.modality = modality
            self.channels = 3 * self.seglen if self.modality == "RGB" else 2 * self.seglen
            super(GoogLeNet, self).__init__()
            part1_list = [
                {'type': ConvBNLayer, 'num_channels': self.channels, 'num_filters': 64, 'filter_
size': 7, 'stride': 2,
                'padding': 3, 'act': 'relu'},
                {'type': MaxPool2D, 'kernel_size': 3, 'stride': 2, 'padding': 1},
            ]
            part2_list = [
                {'type': ConvBNLayer, 'num_channels': 64, 'num_filters': 64, 'filter_size': 1,
'stride': 1, 'padding': 0,
                'act': 'relu'},
                {'type': ConvBNLayer, 'num_channels': 64, 'num_filters': 192, 'filter_size': 3,
'stride': 1, 'padding': 1,
                'act': 'relu'},
                {'type': MaxPool2D, 'kernel_size': 3, 'stride': 2, 'padding': 1},
            ]
```

首先是 BN-Inception 网络的部分，在 init 函数中，我们通过 Inception 类，实例化 inception_3a、inception_3b、inception_4a、inception_4b、inception_4c、inception_4d 的结构；通过 Inception3c 类、Inception4e 类、Inception5a 类、Inception5b 类分别实现 inception_3c、inception_4e、inception_5a、inception_5b 的实例化。

```
        self.googLeNet_part1 = Sequential(
            ('part1', LinConPoo(part1_list)),
            ('part2', LinConPoo(part2_list)),
            ('inception_3a', Inception(192, 64, 64, 64, 64, 96, 96, 32)), ('inception_3b',
Inception(256, 64, 64, 96, 64, 96, 96, 64)), )
        self.before3d = Sequential(
            ('Inception3c', Inception3c(320, 128, 160, 64, 96, 96))
            # num_channels, ch3x3reduced, ch3x3, doublech3x3reduced, doublech3x3_1, doublech3x3_2
        )
        self.googLeNet_part2 = Sequential(
            ('inception_4a', Inception(576, 224, 64, 96, 96, 128, 128, 128)),
            ('inception_4b', Inception(576, 192, 96, 128, 96, 128, 128, 128)),
            ('inception_4c', Inception(576, 160, 128, 160, 128, 160, 160, 128)),
            ('inception_4d', Inception(608, 96, 128, 192, 160, 192, 192, 128)),
        )
        self.googLeNet_part3 = Sequential(
            ('inception_4e', Inception4e(608, 128, 192, 192, 256, 256, 608)),
            ('inception_5a', Inception5a(1056, 352, 192, 320, 160, 224, 224, 128)),
            ('inception_5b', Inception5b(1024, 352, 192, 320, 192, 224, 224, 128)),
            ('AvgPool1', AdaptiveAvgPool2D(1)),    # [2,1024,1,1]
        )
```

再通过 Res3D 类实现 3DResNet 网络的实例化，并生成用于分类的全连接层。

```
        self.res3d = Res3D.ResNet3D('resnet', modality = 'RGB', channels = 96)
                                                # channel 数与 2D 网络输出 channel 数一致
        self.dropout1 = nn.Dropout(p = 0.5)
        self.softmax = nn.Softmax()
        self.out = nn.Linear(in_features = 1536,
                             out_features = class_dim,
                         weight_attr = paddle.framework.ParamAttr(initializer = paddle.nn.
initializer.XavierNormal()
        self.dropout2 = nn.Dropout(p = 0.6)
        self.out_3d = []
```

在 forward 函数中，构建前向传播的过程。对于输入的多帧图像与 TSN 一样，首先通过 reshape 融合在一起。再依次通过 inception_3a、inception_3b、inception_3c 提取特征。得到的特征分别输入到 ResNet3D 和 BN-Inception 剩余的结构中去。最后将两部分得到的特征进行融合，输出属于每个类的概率。

```
    def forward(self, inputs, label = None):
        inputs = paddle.reshape(inputs, [-1, inputs.shape[2], inputs.shape[3], inputs.shape[4]])
        googLeNet_part1 = self.googLeNet_part1(inputs)
        googleNet_b3d, before3d = self.before3d(googLeNet_part1)
```

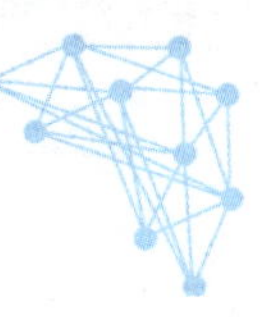


```
        if len(self.out_3d) == self.seg_num:
            self.out_3d[:self.seg_num - 1] = self.out_3d[1:]
            self.out_3d[self.seg_num - 1] = before3d
            for input_old in self.out_3d[:self.seg_num - 1]:
                input_old.stop_gradient = True
        else:
            while len(self.out_3d) < self.seg_num:
                self.out_3d.append(before3d)
        y_out_3d = self.out_3d[0]
        for i in range(len(self.out_3d) - 1):
            y_out_3d = paddle.concat([y_out_3d, self.out_3d[i + 1]], axis = 0)
              y_out_3d = paddle.reshape(y_out_3d, [-1, self.seg_num, y_out_3d.shape[1],
y_out_3d.shape[2], y_out_3d.shape[3]])
              y_out_3d = paddle.reshape(y_out_3d, [y_out_3d.shape[0], y_out_3d.shape[2],
y_out_3d.shape[1], y_out_3d.shape[3], y_out_3d.shape[4]])
        out_final_3d = self.res3d(y_out_3d)
        out_final_3d = paddle.reshape(out_final_3d, [-1, out_final_3d.shape[1]])
        out_final_3d = self.dropout1(out_final_3d)
        out_final_3d = paddle.reshape(out_final_3d, [-1, self.seg_num, out_final_3d.shape[1]])
        out_final_3d = paddle.mean(out_final_3d, axis = 1)
        googLeNet_part2 = self.googLeNet_part2(googleNet_b3d)
        googLeNet_part3 = self.googLeNet_part3(googLeNet_part2)
        googLeNet_part3 = self.dropout2(googLeNet_part3)
        out_final_2d = paddle.reshape(googLeNet_part3, [-1, googLeNet_part3.shape[1]])
        out_final_2d = paddle.reshape(out_final_2d, [-1, self.seg_num, out_final_2d.shape[1]])
        out_final_2d = paddle.mean(out_final_2d, axis = 1)
        out_final = paddle.concat([out_final_2d, out_final_3d], axis = 1)
        out_final = self.out(out_final)
        if label is not None:
            acc = paddle.metric.Accuracy().compute(out_final, label)
            return out_final, acc
        else:
            return out_final
```

步骤 5：训练 ECO 网络

在模型训练的过程中，除了通过训练集的精度和损失观察模型的训练状态和效果之外，还要观测模型在验证集上的表现，判断网络的效果和网络的训练状态(是否收敛、是否过拟合)等。

接下来构建网络训练的过程，依次加载配置文件、实例化网络、实例化优化器、创建训练数据读取器、创建验证数据读取器、创建优化器、定义损失函数，并在每轮训练后计算验证集精度。

```
def train(args):
    paddle.set_device('gpu')                          # 使用 gpu 进行训练
    config = parse_config(args.config)                # 读取输入的参数
    train_config = merge_configs(config, 'train', vars(args))
                                                      # 将输入的参数与配置文件中的参数进行合并
```

```
    #创建训练网络
    train_model = ECO.GoogLeNet(train_config['MODEL']['num_classes'],
                    train_config['MODEL']['seg_num'],
                    train_config['MODEL']['seglen'], 'RGB', 0.00002)
    #创建优化器
    opt = paddle.optimizer.Momentum(0.005, 0.9, parameters=train_model.parameters())
    #创建数据读取器
    train_reader = KineticsReader(args.model_name.upper(), 'train', train_config)
    traindataloder = paddle.io.DataLoader(train_reader, batch_size=train_config['TRAIN']
['batch_size'],
            num_workers = 0, drop_last = True, collate_fn = train_reader.collate_fn, batch_
sampler=None)
    epochs = args.epoch or train_model.epoch_num()
    #定义损失函数计算方式
    CrossEntropyLoss=nn.CrossEntropyLoss(reduction='mean')
    for i in range(epochs):
      train_model.train()
      for batch_id, data in enumerate(traindataloder):
        img = data[0].astype('float32')
        label = data[1].astype('int64')
        label.stop_gradient = True
        out, acc = train_model(img, label)          #前向传播得到结果
        if out is not None:
          avg_loss = CrossEntropyLoss(out, label)   #计算损失值
          avg_loss.backward()                       #反向传播
          opt.step()
          opt.clear_grad()
          print("Loss at epoch {} step {}: {}, acc: {}".format(i, batch_id, avg_loss.numpy(),
acc.numpy().mean()))
          if batch_id % 200 == 0:
            #每迭代200次,保存一次模型
            paddle.save(train_model.state_dict(), args.save_dir + '/ucf_model_v2/gen_b2a.pdparams')
```

步骤 6：视频预测

模型预测的部分与训练过程相似，但不再需要损失计算和梯度反向传播：

```
def eval(args):
  config = parse_config(args.config)                          #读取输入的参数
  val_config = merge_configs(config, 'test', vars(args))      #将输入的参数与配置文件中
                                                                的参数进行合并
  paddle.set_device('gpu')                                    #使用gpu进行预测
  val_model = ECO.GoogLeNet(val_config['MODEL']['num_classes'],
              val_config['MODEL']['seg_num'],
              val_config['MODEL']['seglen'], 'RGB')           #创建测试网络
  label_dic = np.load('label_dir.npy', allow_pickle=True).item()
  label_dic = {v: k for k, v in label_dic.items()}
  #获取数据读取器
  val_reader = KineticsReader(args.model_name.upper(), 'test', val_config)
```

```
valdataloder = paddle.io.DataLoader(val_reader, batch_size = val_config['TEST']['batch_size'],
        num_workers = 0, collate_fn = val_reader.collate_fn,batch_sampler = None)
weights = args.weights
model = paddle.load(weights)
val_model.set_state_dict(model)
val_model.eval()
acc_list = []
for batch_id, data in enumerate(valdataloder):
    dy_x_data = data[0].astype('float32')
    y_data = data[1].astype('int64')
    img = paddle.to_tensor(dy_x_data)
    label = paddle.to_tensor(y_data)
    label.stop_gradient = True
    out, acc = val_model(img, label)                    #进行前向传播,预测结果
    acc_list.append(acc.numpy()[0])
    print("测试集准确率为:{}".format(np.mean(acc_list)))
```

至此，我们就完成了 ECO 网络的搭建、训练和预测过程，你学会了吗？

第6章 生成对抗网络

图像生成是指利用计算机基于某种要求生成逼真的属于目标域的图像。图像生成是计算机视觉、计算机图形学等领域的重要研究方向，具有着广泛的应用：由一段文字生成图像、图像在不同模态间的转换、图像的修复、编辑、去模糊、超分辨率等。基于描述生成逼真图像却要困难得多，需要多年的平面设计训练。在机器学习中，这属于一项生成任务，相比较于判别任务要难得多。因为生成模型必须基于更小的种子输入产出更丰富的信息（如具有某些细节和变化的完整图像）。近年来，图像生成建模领域出现了不少成果，其中最前沿的是 GAN，它能直接从数据中学习，生成高保真、多样化的图像。虽然 GAN 的训练是动态的，而且对各方面的设置都很敏感（从优化参数到模型架构），但大量研究已经证实，这种方法可以在各种环境中稳定训练。到目前为止，GAN 模型已经是图像生成模型的首选之一了。图 6.1 展示不同 GAN 网络生成人脸效果。

图 6.1　不同 GAN 模型生成图像

GAN 的全称是 Generative Adversarial Networks，即生成对抗网络，由 Ian J. Goodfellow 等人于 2014 年 10 月发表在 NIPS 大会上的论文 *Generative Adversarial Nets* 中提出。此后各种花式变体 Pix2Pix、CYCLEGAN、STARGAN、StyleGAN 等层出不穷，在"换脸""换衣""换天地"等应用场景下生成的图像、视频以假乱真，好不热闹。深度学习三巨神之一的 LeCun 也对 GAN 大加赞赏，称"adversarial training is the coolest thing since sliced bread"。关于 GAN 网络的研究也呈井喷态势，图 6.2 是 2014—2018 年命名为 GAN 的论文数量图表。

生成对抗网络一般由一个生成器（生成网络），和一个判别器（判别网络）组成。生成器的作用是，通过学习训练集数据的特征，在判别器的指导下，将随机噪声分布尽量拟合为训

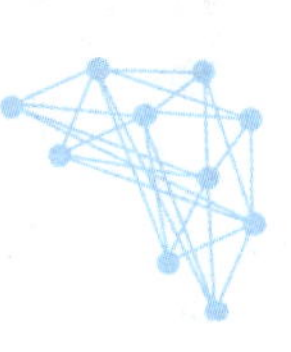

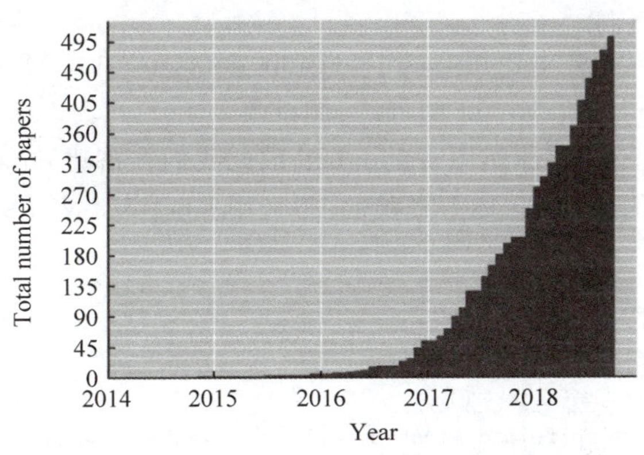

图 6.2　GAN 论文数量图标

练数据的真实分布，从而生成具有训练集特征的相似数据。而判别器则负责区分输入的数据是真实的还是生成器生成的假数据，并反馈给生成器。两个网络交替训练，能力同步提高，直到生成网络生成的数据能够以假乱真，并与判别网络的能力达到一定均衡。

如图 6.3 所示，对于一个随机噪声 z（从一个先验分布中随机采样的向量。）通过生成器(Generator)，生成虚假数据，欺骗判别器，使得 D 能够尽可能给出高的评分 1。并通过合成样本 G(z)，生成模型 G 输出的样本。模型 G 输出的样本与真实样本 x（从数据库中采样的样本）输入判别器(Discriminator)，判别器区分真实(real)样本和虚假(fake)样本。对于真实样本，尽可能给出高的评分 1；对于虚假样本，尽可能给出低评分 0。而 GAN 网络的训练过程就是生成网络 G 的目标是尽量生成真实的数据去欺骗判别网络 D。而 D 的目标就是尽量辨别出 G 生成的假数据和真数据。这个博弈过程最终的平衡点是纳什均衡点。

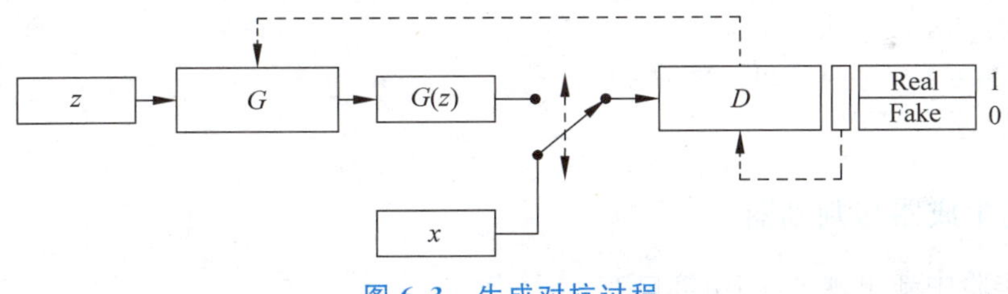

图 6.3　生成对抗过程

实践十八：基于 GAN 的手写数字生成

在该部分将在 MNIST 数据集上用经典 GAN 完成手写数字图像生成。

步骤 1：MNIST 数据集与数据加载

（1）数据集概览。

对于 MNIST 数据集，其包含 60 000 张用于训练的图像和 10 000 张用于测试的图像，图像大小固定为 28×28 像素。可在该数据集的官方地址下载：http://yann.lecun.com/exdb/mnist/。

(2) 数据加载。

在 load_minst_data 函数中使用 paddle. vision. datasets 加载 Minist 数据集，通过 mode 参数选择“train”和“test”加载 Minist 的训练、测试集。

在训练的整个过程不需要原始图片的 label，因此我们在搭建 dataloader 时，也没有返回原始图片的 label。原始图片统一称为真实的图片，用 label 为 1 表示；label 为 0 表示噪声生成的假图片。

```
class Mnist(Dataset):
  def __init__(self):
    super(Mnist, self).__init__()
    self.imgs_train = self.load_minst_data()                # 自定义加载 MNIST 数据集的函数
    self.num_samples = self.imgs_train.shape[0]
  def __len__(self):
    return self.num_samples
  def __getitem__(self, idx):
    image = self.imgs_train[idx].astype('float32')/127.5 - 1  # 归一化
    return image
  @staticmethod
  def load_minst_data():
[(img0, label0), (img1, label1), (img2, label2), ...].
    mnist_train = paddle.vision.datasets.MNIST(mode = 'train', backend = 'cv2')
    mnist_test = paddle.vision.datasets.MNIST(mode = 'test', backend = 'cv2')
    imgs_train = []
    for data in mnist_train:
      imgs_train.append(data[0])
    for data in mnist_test:
      imgs_train.append(data[0])
    imgs_train = np.array(imgs_train)
    return imgs_train
```

步骤 2：构建生成器与判别器

在本次实验中新出现的 API 接口有：

```
paddle.nn.Tanh(name = None): Tanh()激活层。
paddle.nn.BCELoss(weight = None,
                  reduction = 'mean',
                  name = None):
```

该接口用于创建一个 BCELoss 的可调用类，用于计算输入 input 和标签 label 之间的二值交叉熵损失值。

- weight(Tensor，可选)：手动指定每个 batch 二值交叉熵的权重，如果指定的话，维度必须是一个 batch 的数据的维度。数据类型是 float32，float64。默认值是：None。
- reduction(str，可选)：指定应用于输出结果的计算方式，可选值有：'none'，'mean'，'sum'。默认为'mean'，计算 *BCELoss* 的均值；设置为'sum'时，计算 *BCELoss* 的总和；设置为'none'时，则返回 bce_loss。

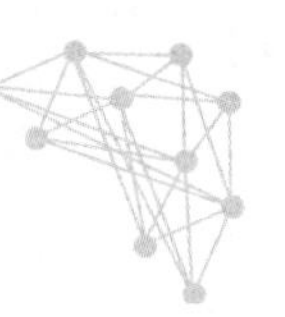

• name(str,可选)：操作的名称(可选,默认值为 None)。

判别器的作用主要是用来完成真假图片的判别,当输入一张真实的图片时,希望判别器输出的结果是 1；当输入一张生成器伪造的图片时,希望判别器输出的结果是 0,其本质就是一个分类网络。

Discriminator 类用于构建一个简单的分类网络,其包含两个卷积和一个用于分类的全连接层。其中使用了 LeakyReLU 激活函数和批归一化。

```
class Discriminator(nn.Layer):
  def __init__(self):
    super(Discriminator, self).__init__()
    self.conv1 = nn.Sequential(
      nn.Conv2D(1, 64, kernel_size=5, stride=2, padding=2),
      nn.LeakyReLU(0.2)
    )
    self.conv2 = nn.Sequential(
      nn.Conv2D(64, 64, kernel_size=5, stride=2, padding=2),
      nn.BatchNorm2D(64),
      nn.LeakyReLU(0.2)
    )
    self.fc1 = nn.Sequential(
      nn.Linear(64*28//4*28//4, 1024),
      nn.BatchNorm1D(1024),
      nn.LeakyReLU(0.2)
    )
    self.fc2 = nn.Sequential(
      nn.Linear(1024, 1),
      nn.Sigmoid()
    )
  def forward(self, x):
    x = self.conv1(x)             # [Nx64x14x14]
    x = self.conv2(x)             # [Nx64x7x7]
    x = x.reshape([-1, 64*28//4*28//4])
    x = self.fc1(x)
    x = self.fc2(x)
    return x
```

生成器的目的主要是生成以假乱真的图片,那么如何生成一张假的图片？首先给出一个简单的高维的正态分布噪声向量,接着通过一些全连接、卷积、池化、激活函数等操作,最后得到一个与输入图片大小一样的噪声图片,也就是假图像。

Generator 类由两组全连接层和两组反卷积层构成,其中,全连接层和第一次反卷积层采用 ReLU 激活函数,最后一次卷积则采用 Tan 激活函数。

```
class Generator(nn.Layer):
  def __init__(self):
    super(Generator, self).__init__()
    self.fc1 = nn.Sequential(
      nn.Linear(100, 2048),
```

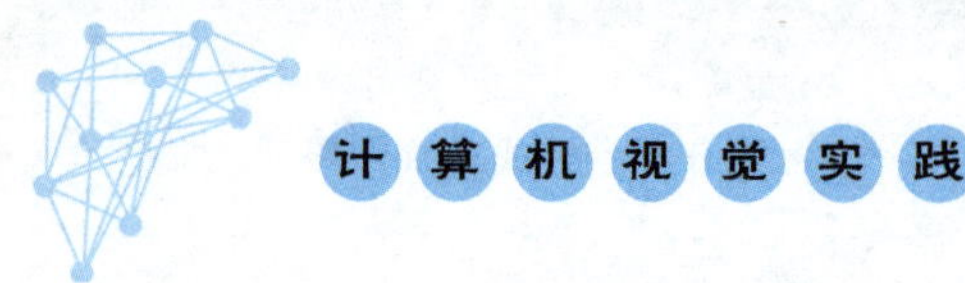


```
            nn.BatchNorm1D(2048),
            nn.ReLU()
        )
        self.fc2 = nn.Sequential(
            nn.Linear(2048, 128 * 28//4 * 28//4),
            nn.BatchNorm1D(128 * 28//4 * 28//4),
            nn.ReLU()
        )
        self.deconv1 = nn.Sequential(
            nn.Conv2DTranspose(128, 128, kernel_size = 4, stride = 2, padding = 1),
            nn.BatchNorm2D(128),
            nn.ReLU()
        )
        self.deconv2 = nn.Sequential(
            nn.Conv2DTranspose(128, 1, kernel_size = 4, stride = 2, padding = 1),
            nn.Tanh()
        )
    def forward(self, x):
        x = self.fc1(x)
        x = self.fc2(x)
        x = x.reshape([ - 1, 128, 28//4, 28//4])
        x = self.deconv1(x)          # [Nx128x14x14]
        x = self.deconv2(x)          # [Nx1x28x28]
        return x
```

步骤 3：GAN 网络训练与预测

1. 模型训练

生成器和判别器两个网络交替训练，在训练过程中，生成器和判别器相互博弈，共同提升，直到生成器最终生成的数据能够以假乱真，并与判别器的能力同步均衡。因此，GAN 网络的训练过程与前面的任务有所不同。我们需要实例化生成网络和判别网络，定义两个优化器分别优化两个网络。在训练的过程中，判别器和生成器交替训练，先优化判别网络再优化生成网络。

```
def trian()
    # 生成网络结构实例
    generator = Generator()
    discriminator = Discriminator()
    # 超参数
    BATCH_SIZE = 128
    EPOCHS = 5
    # 优化器
    optimizerG = paddle.optimizer.Adam(learning_rate = 1e - 3, parameters = generator.parameters(),
beta1 = 0.5, beta2 = 0.999)
    optimizerD = paddle.optimizer.Adam(learning_rate = 1e - 3, parameters = discriminator.
parameters(), beta1 = 0.5, beta2 = 0.999)
    # 损失函数
    criterion = nn.BCELoss()
```

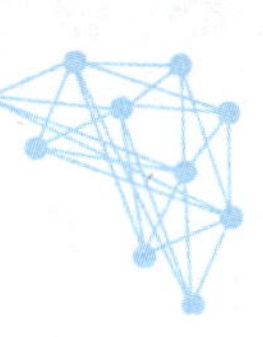

```
  test_result_each_epoch = []    # 存储每个 epoch 的测试结果
  for epoch in range(EPOCHS):
    for batch_idx, data in enumerate(data_loader):
      real_images = data[0].unsqueeze(1)
      optimizerD.clear_grad()
      # 判别真实数据,并计算损失,目的是让判别器尽量识别出真实数据
      d_real_predict = discriminator(real_images)
      d_real_loss = criterion(d_real_predict, paddle.ones_like(d_real_predict))
# 判别生成器生成的数据,并计算损失,目的是让判别器尽量识别出生成器伪造的数据
    noise = paddle.uniform([BATCH_SIZE, 100], min = -1, max = 1)
                                        # 使用正态分布噪声作为假的图片
    fake_images = generator(noise)
    d_fake_predict = discriminator(fake_images)
    d_fake_loss = criterion(d_fake_predict, paddle.zeros_like(d_fake_predict))

    # 训练判别器
    d_loss = d_real_loss + d_fake_loss
    d_loss.backward()
    optimizerD.step()
# 生成器生成假的图片送入判别器,并计算损失,目的是让判别器分不开真假数据
    optimizerG.clear_grad()
    noise = paddle.uniform([BATCH_SIZE, 100], min = -1, max = 1)
    fake_images = generator(noise)
    g_fake_predict = discriminator(fake_images)
    g_loss = criterion(g_fake_predict, paddle.ones_like(g_fake_predict))
    # 训练生成器
    g_loss.backward()
    optimizerG.step()
```

2. 模型预测

训练完成后,需要验证 GAN 模型的效果,此时,自定义 10 张噪声数据,然后用训练好的模型对测试数据进行预测。这时我们不再需要判别器,只需生成器来生成图像。

```
def eval():
  noise = paddle.uniform([10, 100], min = -1, max = 1)
  generator.eval()
  with paddle.no_grad():
    fake_images = generator(noise)
    fake_images = fake_images.squeeze().numpy()
  generator.train()
  test_result = np.hstack(fake_images)
  test_result_each_epoch.append(test_result)
```

实践十九:基于 DCGAN 的人脸图像生成

本实践将通过 DCGAN 和 Celeb-A Face 数据集上训练一个生成对抗网络(GAN)来产生新人脸。

DCGAN 是深层卷积网络与 GAN 的结合，其基本原理与 GAN 相同，只是将生成网络和判别网络用两个卷积网络（CNN）替代。为了提高生成样本的质量和网络的收敛速度，DCGAN 在网络结构上进行了一些改进：

在网络中，所有的 pooling 层使用步幅卷积（strided convolutions）（判别器）和微步幅卷积（fractional－strided convolutions）（生成器）替换掉池化层；在生成器和判别器中均加入 batchnorm；在生成器（G）中，最后一层使用 tanh()函数，其余层采用 ReLU 函数。判别器（D）中采用 LeakyReLU。

步骤 1：认识 CelebA 数据集与数据加载

1. 数据集概览

CelebA 是 CelebFaces Attribute 的缩写，是指名人人脸属性数据集，其包含 10 177 个名人身份的 202 599 张人脸图片，每张图片都做好了特征标记，包含人脸 bbox 标注框、5 个人脸特征点坐标以及 40 个属性标记，CelebA 由香港中文大学开放提供，广泛用于人脸相关的计算机视觉训练任务，如人脸属性标识训练、人脸检测训练以及 landmark 标记等。数据集可在如下网址下载：http://mmlab.ie.cuhk.edu.hk/projects/CelebA.html。

2. 数据加载

构建 DataGenerater 类用于加载训练数据，每次迭代通过 getitem 加载图像，并进行维度上的转换和分辨率的调整。

```
class DataGenerater(Dataset):
  def __init__(self,path = PATH):
    """
    构造函数
    """
    super(DataGenerater, self).__init__()
    self.dir = path
    self.datalist = os.listdir(PATH)
    self.image_size = (img_dim,img_dim)

  # 每次迭代时返回数据
  def __getitem__(self, idx):
    path = self.dir + self.datalist[idx]
    try:
      img = io.imread(path)
      img = transform.resize(img,self.image_size)
      img = img.transpose()
      img = img.astype('float32')
    except Exception as e:
        print(e)
    return img
```

步骤 2：DCGAN 模型构建

判别器 D 是一个分类网络，它以图像作为输入，输出是图像为真实的（相对应 G 生成的假样本）概率。输入 Shape 为[3,64,64]的 RGB 图像，通过一系列的 Conv2d，BatchNorm2d

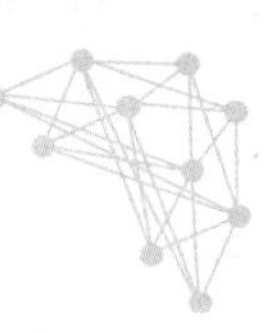

和 LeakyReLU 层对其进行处理，然后通过全连接层输出的图像为真/假的概率。

```
class Discriminator(paddle.nn.Layer):
    '''判别网络构建'''
    def __init__(self):
        '''判别网络初始化器'''
        super(Discriminator, self).__init__()
        self.conv1 = nn.Conv2D(3,64,4,2,1,bias_attr = False, weight_attr = paddle.ParamAttr
(initializer = conv_initializer))
        self.relu1 = nn.LeakyReLU(negative_slope = 0.2)
        self.conv2 = nn.Conv2D(64,128,4,2,1,bias_attr = False, weight_attr = paddle.ParamAttr
(initializer = conv_initializer))
        self.bn2 = nn.BatchNorm2D(128, weight_attr = paddle.ParamAttr(initializer = bn_initializer),
momentum = 0.8)
        self.relu2 = nn.LeakyReLU(negative_slope = 0.2)
        self.conv3 = nn.Conv2D(128,256,4,2,1,bias_attr = False, weight_attr = paddle.ParamAttr
(initializer = conv_initializer))
        self.bn3 = nn.BatchNorm2D(256, weight_attr = paddle.ParamAttr(initializer = bn_initializer),
momentum = 0.8)
        self.relu3 = nn.LeakyReLU(negative_slope = 0.2)
        self.conv4 = nn.Conv2D(256,512,4,2,1,bias_attr = False, weight_attr = paddle.ParamAttr
(initializer = conv_initializer))
        self.bn4 = nn.BatchNorm2D( 512,weight_attr = paddle.ParamAttr(initializer = bn_initializer),
momentum = 0.8)
        self.relu4 = nn.LeakyReLU(negative_slope = 0.2)
        self.conv5 = nn.Conv2D(512,1,4,1,0,bias_attr = False, weight_attr = paddle.ParamAttr
(initializer = conv_initializer))
        self.sigmod = nn.Sigmoid()

    def forward(self, x):
        '''前向传播过程'''
        x = self.conv1(x)
        x = self.relu1(x)
        x = self.conv2(x)
        x = self.bn2(x)
        x = self.relu2(x)
        x = self.conv3(x)
        x = self.bn3(x)
        x = self.relu3(x)
        x = self.conv4(x)
        x = self.bn4(x)
        x = self.relu4(x)
        x = self.conv5(x)
        x = self.sigmod(x)
        return x
```

生成器 G 旨在映射潜在空间矢量 z 到数据空间。由于数据是图像，因此转换 z 到数据空间意味着最终创建具有与训练图像相同大小[3,64,64]的 RGB 图像。如图 6.4 所示，生成器通过一系列反卷积层来完成特征的上采样，每个反卷积层都与 BatchNorm 层和 ReLU 激活函数相连。生成器的输出最终通过 tanh()函数使其数据范围在[−1,1]。值得注意的是，在反卷积层之后存在 BatchNorm 函数，因为这是 DCGAN 论文的关键改进。这些层有助于训练过程中梯度的更好传递。

100 z
Project and reshape
4
4
1024
CONV 1
8
8
512
5
5
Stride 2
CONV 2
16
16
256
5
5
Stride 2
CONV 3
32
32
128
5
5
Stride 2
CONV 4
64
64
3
5
5
Stride 2
G(z)

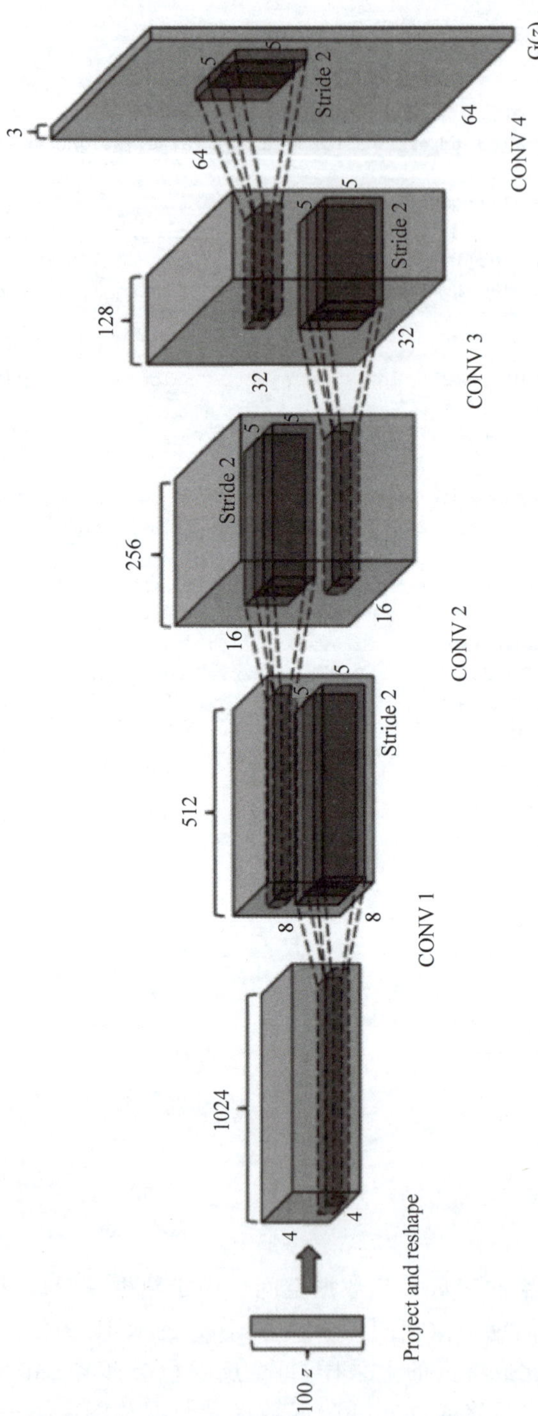

图 6.4 生成器网络结构

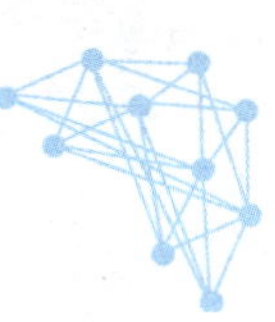

```
class Generator(paddle.nn.Layer):
  '''生成网络构建'''
  def __init__(self):
    '''生成网络构建'''
    super(Generator, self).__init__()
    self.conv1 = nn.Conv2DTranspose(100,512,4,1,0,bias_attr = False, weight_attr = paddle.
ParamAttr(initializer = conv_initializer))
    self.bn1 = nn.BatchNorm2D(512,weight_attr = paddle.ParamAttr(initializer = bn_initializer),
momentum = 0.8)
    self.relu1 = nn.ReLU()
    self.conv2 = nn.Conv2DTranspose(512,256,4,2,1,bias_attr = False, weight_attr = paddle.
ParamAttr(initializer = conv_initializer))
    self.bn2 = nn.BatchNorm2D(256,weight_attr = paddle.ParamAttr(initializer = bn_initializer),
momentum = 0.8)
    self.relu2 = nn.ReLU()
    self.conv3 = nn.Conv2DTranspose(256,128,4,2,1,bias_attr = False, weight_attr = paddle.
ParamAttr(initializer = conv_initializer))
    self.bn3 = nn.BatchNorm2D(128,weight_attr = paddle.ParamAttr(initializer = bn_initializer),
momentum = 0.8)
    self.relu3 = nn.ReLU()
    self.conv4 = nn.Conv2DTranspose(128,64,4,2,1,bias_attr = False, weight_attr = paddle.
ParamAttr(initializer = conv_initializer))
    self.bn4 = nn.BatchNorm2D(64,weight_attr = paddle.ParamAttr(initializer = bn_initializer),
momentum = 0.8)
    self.relu4 = nn.ReLU()
    self.conv5 = nn.Conv2DTranspose(64,3,4,2,1,bias_attr = False,weight_attr = paddle.ParamAttr
(initializer = conv_initializer))
    self.tanh = paddle.nn.Tanh()
  def forward(self, x):
    '''前向传播'''
    x = self.conv1(x)
    x = self.bn1(x)
    x = self.relu1(x)
    x = self.conv2(x)
    x = self.bn2(x)
    x = self.relu2(x)
    x = self.conv3(x)
    x = self.bn3(x)
    x = self.relu3(x)
    x = self.conv4(x)
    x = self.bn4(x)
    x = self.relu4(x)
    x = self.conv5(x)
    x = self.tanh(x)
    return x
```

步骤 3：DCGAN 训练与预测

（1）模型训练。

在 train()中，首先实例化生成网络、判别网络和与它们绑定的优化器。

```
def train():
  device = paddle.set_device('gpu')        #选择是否调用 GPU
  paddle.disable_static(device)
  real_label = 1.
  fake_label = 0.
  loss = paddle.nn.BCELoss()               #损失函数
  netD = Discriminator()                   #创建判别器
  netG = Generator()                       #创建生成器
  optimizerD = optim.Adam(parameters = netD.parameters(), learning_rate = lr, beta1 = beta1,
beta2 = beta2)                             #创建判别器优化器
  optimizerG = optim.Adam(parameters = netG.parameters(), learning_rate = lr, beta1 = beta1,
beta2 = beta2)                             #创建生成器优化器
```

训练过程中的每一次迭代,生成器和判别器分别设置自己的迭代次数。为了避免判别器相对生成器较快地收敛,设置每训练一次判别器,训练两次生成器。

```
###训练过程
losses = [[], []]
now = 0
for pass_id in range(epoch):
  # enumerate()函数将一个可遍历的数据对象组合成一个序列列表
  for batch_id, data in enumerate(train_loader()):
    #训练判别器
    optimizerD.clear_grad()
    real_cpu = data[0]
    label = paddle.full((batch_size,1,1,1),real_label,dtype = 'float32')
    output = netD(real_cpu)                #进行判别
    errD_real = loss(output,label)         #将预测结果和标签计算损失
    errD_real.backward()                   #进行反向传播
    optimizerD.step()
    optimizerD.clear_grad()
    noise = paddle.randn([batch_size,G_DIMENSION,1,1],'float32')
    fake = netG(noise)                     #将噪声输入生成网络进行生成
    label = paddle.full((batch_size,1,1,1),fake_label,dtype = 'float32')
    output = netD(fake.detach())
    errD_fake = loss(output,label)         #将预测结果和标签计算损失
    errD_fake.backward()                   #进行反向传播
    optimizerD.step()
    optimizerD.clear_grad()
    errD = errD_real + errD_fake           #计算总的损失
    losses[0].append(errD.numpy()[0])
    #训练生成器
    optimizerG.clear_grad()
    noise = paddle.randn([batch_size,G_DIMENSION,1,1],'float32')
    fake = netG(noise)                     #将噪声输入生成网络进行生成
    label = paddle.full((batch_size,1,1,1),real_label,dtype = np.float32)
    output = netD(fake)                    #将生成的图像进行判别
    errG = loss(output,label)
    errG.backward()
    optimizerG.step()
```

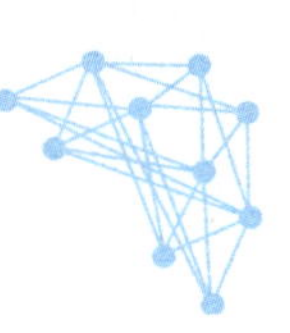

```
    optimizerG.clear_grad()
    losses[1].append(errG.numpy()[0])
    if batch_id % 100 == 0:
      if not os.path.exists(output_path):
        os.makedirs(output_path)
      # 每轮的生成结果进行显示
      generated_image = netG(noise).numpy()
      imgs = []
      plt.figure(figsize=(15,15))
      try:
        for i in range(100):
          image = generated_image[i].transpose()
          image = np.where(image > 0, image, 0)
  paddle.save(netG.state_dict(), "work/generator.params")
```

训练过程中生成器的效果以及生成器、判别器的损失变化如图 6.5 所示，可以发现训练过程中生成器和判别器相互博弈的过程。最终生成器生成的头像和真实的头像。

图 6.5　生成效果

步骤 4：模型预测

输入随机数让生成器 G 生成随机人脸，生成的 RGB 三通道的人脸图像。

```
def test():
  device = paddle.set_device('gpu')
  paddle.disable_static(device)
  generate = Generator()
  state_dict = paddle.load("work/generator.params")
  generate.set_state_dict(state_dict)
  noise = paddle.randn([100,100,1,1],'float32')
  generated_image = generate(noise).numpy()
  return generated_image
```

实践二十：基于 pix2pix 的图像翻译

pix2pix 基于 GAN 实现图像翻译，更准确地讲是基于 cGAN(conditional GAN，也叫条件 GAN)，因为 cGAN 可以通过添加条件信息来指导图像生成，因此在图像翻译中就可以将输入图像作为条件，学习从输入图像到输出图像之间的映射，从而得到指定的输出图像。

pix2pix 算法的示意图如图 6.6 所示。以基于图像边缘生成图像为例，首先输入图像用 y 表示，输入图像的边缘图像用 x 表示，pix2pix 在训练时需要成对的图像(x 和 y)。x 作为生成器 G 的输入(随机噪声 z 在图中并未画出，去掉 z 不会对生成效果有太大影响，但假如将 x 和 z 合并在一起作为 G 的输入，可以得到更多样的输出)得到生成图像 G(x)，然后将 G(x)和 x 基于通道维度合并在一起，最后作为判别器 D 的输入得到预测概率值，该预测概率值表示输入是否是一对真实图像，概率值越接近 1 表示判别器 D 越肯定输入是一对真实图像。另外真实图像 y 和 x 也基于通道维度合并在一起，作为判别器 D 的输入得到概率预测值。因此判别器 D 的训练目标就是在输入不是一对真实图像(x 和 G(x))时输出小的概率值(例如最小是 0)，在输入是一对真实图像(x 和 y)时输出大的概率值(例如最大是 1)。生成器 G 的训练目标就是使得生成的 G(x)和 x 作为判别器 D 的输入时，判别器 D 输出的概率值尽可能大，这样就相当于成功欺骗了判别器 D。

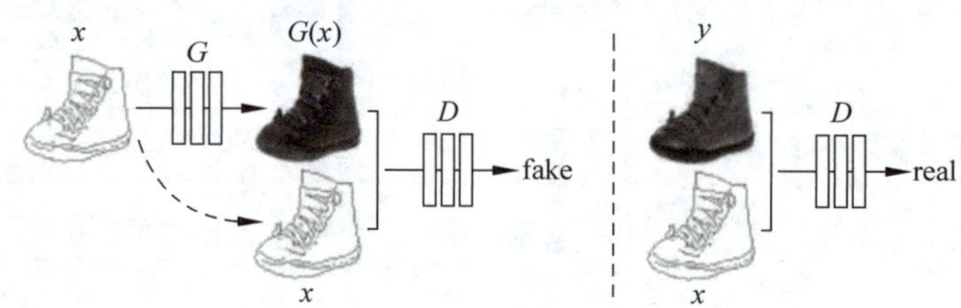

图 6.6　图像边缘生成

步骤 1：Cityscapes 数据集与数据加载

1. 数据集概览

在这一部分，采用了分割数据集 Cityscapes，通过 pix2pix 实现分割任务。

Cityscapes 数据集，即城市景观数据集，这是一个新的大规模数据集，其中包含一组不同的立体视频序列，记录在 50 个不同城市的街道场景。拥有 5000 张在城市环境中驾驶场景的图像(2975train，500 val，1525test)。它具有 19 个类别的密集像素标注(97%coverage)，其中 8 个具有实例级分割标注。

数据集可通过官网：https://www.cityscapes-dataset.com/下载。

2. 数据加载

pair_reader_creator 用于创建 pix2pix 网络所需的数据读取器。因为在训练的过程中每次需要返回一堆图像：原始图像和对应的分割标注。因此在 getitem 中我们每次要返回一组图像，在训练的时候每次打开一对图像，并对它们进行维度变换、归一化、裁剪等操作，最终返回这一组图像。

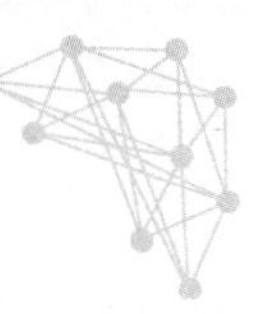

```
class pair_reader_creator(reader_creator):
  def __getitem__(self, idx):
    '''获取索引为 idx 的数据'''
    line = self.lines[idx]
    files = line.strip('\n\r\t ').split('\t')
    #读取并处理图片
    img1 = Image.open(os.path.join(self.image_dir, files[0])).convert('RGB')
    img2 = Image.open(os.path.join(self.image_dir, files[1])).convert('RGB')
    img1 = img1.resize((self.load_size, self.load_size), Image.BICUBIC)
    img2 = img2.resize((self.load_size, self.load_size), Image.BICUBIC)
    if self.phase == 'train':
      #对训练数据进行处理
      param = get_preprocess_param(self.load_size, self.crop_size)
      if self.crop_type == 'Center':
        #对图片进行中心裁剪
        CenterCrop = transforms.CenterCrop((self.crop_size, self.crop_size))
        img1 = CenterCrop(img1)
        img2 = CenterCrop(img2)
      elif self.crop_type == 'Random':
        #对图片进行随机裁剪
        x = param['crop_pos'][0]
        y = param['crop_pos'][1]
        img1 = img1.crop((x, y, x + self.crop_size, y + self.crop_size))
        img2 = img2.crop((x, y, x + self.crop_size, y + self.crop_size))
    img1 = (np.array(img1).astype('float32') / 255.0 - 0.5) / 0.5
    img1 = img1.transpose([2, 0, 1])
    img2 = (np.array(img2).astype('float32') / 255.0 - 0.5) / 0.5
    img2 = img2.transpose([2, 0, 1])
    return np.array([img1[np.newaxis,:],img2[np.newaxis,:]])
```

data_readert 通过调用的 pair_reader_creator 生成 pix2pix 所需的训练和测试读取器。

```
class data_reader(Dataset):
  def __init__(self, cfg):
    '''初始化函数'''
    super(Dataset, self).__init__()
    self.cfg = cfg
    self.shuffle = self.cfg.shuffle
  def make_data(self):
    '''获取数据读取器'''
    #获取 Pix2pix 网络的数据读取器
    dataset_dir = os.path.join(self.cfg.data_dir, self.cfg.dataset)
    train_list = os.path.join(dataset_dir, 'train.txt')
    if self.cfg.train_list is not None:
      train_list = self.cfg.train_list
    self.cfg.image_dir = dataset_dir
    self.cfg.list_filename = train_list
    self.cfg.phase = 'train'
    #获取训练数据读取器
```

```
train_reader = pair_reader_creator(self.cfg)
test_reader = None
if self.cfg.run_test:
  test_list = os.path.join(dataset_dir, "test.txt")
  if self.cfg.test_list is not None:
    test_list = self.cfg.test_list
  self.list_filename = test_list
  self.cfg.phase = 'test'
  self.cfg.shuffle = False
  self.cfg.return_name = True
  #获取测试数据读取器
  test_reader = pair_reader_creator(self.cfg)
#获取数据的批数目
batch_num = train_reader.len()
return train_reader, test_reader, batch_num
```

步骤 2：pix2pix 算法模型构建

在这部分我们涉及了几个新的接口：

```
paddle.nn.InstanceNorm2D(num_features,
                        epsilon = 1e - 05, momentum = 0.9,
                        weight_attr = None,
                        bias_attr = None,
                        data_format = "NCHW",
                        name = None):
```

该接口用于构建 InstanceNorm2D 类的一个可调用对象，可以处理 2D 或者 3D 的 Tensor，实现了实例归一化层(Instance Normalization Layer)的功能。

- num_features(int)：指明输入 Tensor 的通道数量。
- epsilon(float，可选)：为了数值稳定加在分母上的值。默认值为 1e-05。
- momentum(float，可选)：此值用于计算 moving_mean 和 moving_var。默认值为 0.9。
- weight_attr(ParamAttr|bool，可选)：指定权重参数属性的对象。如果为 False，则表示每个通道的伸缩固定为 1，不可改变。默认值为 None，表示使用默认的权重参数属性。具体用法请参见 cn_api_ParamAttr。
- bias_attr(ParamAttr，可选)：指定偏置参数属性的对象。如果为 False，则表示每一个通道的偏移固定为 0，不可改变。默认值为 None，表示使用默认的偏置参数属性。具体用法请参见 cn_api_ParamAttr。
- data_format(string，可选)：指定输入数据格式，数据格式可以为"NCHW"。默认值为“NCHW”。

```
paddle.nn.SpectralNorm(weight_shape,
                      dim = 0,
                      power_iters = 1,
                      eps = 1e - 12,
                      name = None,
                      dtype = 'float32'):
```

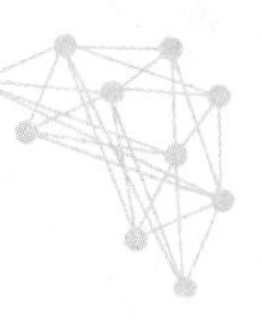

该接口用于构建 SpectralNorm 类的一个可调用对象。可以实现谱归一化层的功能，用于计算 fc、conv1d、conv2d、conv3d 层的权重参数的谱正则值，输入权重参数应分别为 2-D，3-D，4-D，5-D 张量，输出张量与输入张量维度相同。

- weight_shape(list 或 tuple)：权重参数的 shape。
- dim(int，可选)：将输入(weight)重塑为矩阵之前应排列到第一个的维度索引，如果 input(weight)是 fc 层的权重，则应设置为 0；如果 input(weight)是 conv 层的权重，则应设置为 1。默认值为 0。
- power_iters(int，可选)：将用于计算的 SpectralNorm 功率迭代次数，默认值为 1。
- eps(float，可选)：eps 用于保证计算规范中的数值稳定性，分母会加上 eps 防止除零。默认值为 1e-12。
- name(str，可选)：一般无须设置，默认值为 None。
- dtype(str，可选)：数据类型，可以为"float32"或"float64"。默认值为"float32"。

```
paddle.nn.Pad2D(padding,
                mode = 'constant',
                value = 0.0,
                data_format = 'NCHW',
                name = None):
```

按照 padding、mode 和 value 属性对输入进行填充。

- padding(Tensor | List[int] | int])：填充大小。如果是 int，则在所有待填充边界使用相同的填充，否则填充的格式为[pad_left，pad_right，pad_top，pad_bottom]。
- mode(str)：padding 的四种模式，分别为'constant'，'reflect'，'replicate'和'circular'。'constant'表示填充常数 value；'reflect'表示填充以输入边界值为轴的映射；'replicate'表示填充输入边界值；'circular'为循环填充输入。默认值为'constant'。
- value(float32)：以'constant'模式填充区域时填充的值。默认值为 0.0。
- data_format(str)：指定输入的 format，可为'NCHW'或者'NHWC'，默认值为'NCHW'。
- name(str，可选)：该参数供开发人员打印调试信息时使用，默认值为 None。

使用 Disc 类生产 Pix2Pix 网络的判别器，在 Pix2Pix 中判别器中不再需要输入整张图片，而是输入图像中的每个大小为 N×N 的 patch。这样可以减少参数量和加快训练的速度。同时，判别器判别图片真假的方法也不再是回归出一个图片真假的概率值，而是直接输出最后的特征图。

在 Disc 类中 LeakyReLU 作为激活函数，并采用 InstanceNorm2D 进行实例归一化。然后使用了 5 组卷积，其中最后一组卷积对应每个像素的真假预测。

```
class Disc(paddle.nn.Layer):
  '''判别器网络'''
  def __init__(self):
    '''初始化函数，进行网络结构定义'''
    super(Disc, self).__init__()
    self.conv1 = Conv2D(6, 64, 4, stride = 2, padding = 1, bias_attr = True,
      weight_attr = initializer.Normal(mean = 0, std = 0.02))
    self.in1 = InstanceNorm2D(64)
```

```
        self.relu1 = paddle.nn.LeakyReLU(negative_slope=0.2)
        self.conv2 = Conv2D(64, 128, 4, stride=2, padding=1, bias_attr=False,
          weight_attr=initializer.Normal(mean=0, std=0.02))
        self.in2 = InstanceNorm2D(128)
        self.relu2 = paddle.nn.LeakyReLU(negative_slope=0.2)
        self.conv3 = Conv2D(128, 256, 4,stride=2, padding=1, bias_attr=False,
          weight_attr=initializer.Normal(mean=0, std=0.02))
        self.in3 = InstanceNorm2D(256)
        self.relu3 = paddle.nn.LeakyReLU(negative_slope=0.2)
        self.conv4 = Conv2D(256, 512, 4, padding=1, bias_attr=False,
          weight_attr=initializer.Normal(mean=0, std=0.02))
        self.in4 = InstanceNorm2D(512)
        self.relu4 = paddle.nn.LeakyReLU(negative_slope=0.2)
        self.conv5 = Conv2D(512, 1, 4, padding=1, bias_attr=True,
          weight_attr=initializer.Normal(mean=0, std=0.02))
    def forward(self, x):
        '''网络前向传播过程'''
        x = self.conv1(x)
        x = self.in1(x)
        x = self.relu1(x)
        x = self.conv2(x)
        x = self.in2(x)
        x = self.relu2(x)
        x = self.conv3(x)
        x = self.in3(x)
        x = self.relu3(x)
        x = self.conv4(x)
        x = self.in4(x)
        x = self.relu4(x)
        x = self.conv5(x)
        return x
```

Resnet 生成器：

在原版的 CGAN 中，生成器采用的是先下采样“编码”，再上采样“解码”的 encoder-decoder 结构。pix2pix 论文中将这种 encoder-decoder 结构与 U-Net 进行了对比，由于 U-Net 结构使用了多尺度融合的方式进行跨层连接，取得了更好的效果，被 pix2pix 选择用作生成器。

同时在这部分为了达到更好的效果，采用 Resnet 作为特征提取网络。Residual 类用于搭建残差结构，与之前的实践提到的残差结构相似，输入特征经过两次卷积后与原始的特征相加。

```
class Residual(paddle.nn.Layer):
    '''定义生成器使用的残差块'''
    def __init__(self, input_output_dim, use_bias):
        '''初始化函数，定义残差块的网络结构'''
        super(Residual, self).__init__()
        name_scope = self.full_name()
        self.pad1 = paddle.nn.Pad2D([1, 1, 1, 1], mode='reflect')
```

```
        self.conv1 = Conv2D(input_output_dim, input_output_dim, 3, bias_attr = use_bias, weight_
attr = initializer.Normal(mean = 0, std = 0.02))
        self.bn1 = BatchNorm2D(input_output_dim)
        self.relu1 = paddle.nn.LeakyReLU()
        self.pad2 = paddle.nn.Pad2D([1, 1, 1, 1], mode = 'reflect')
        self.conv2 = Conv2D(input_output_dim, input_output_dim, 3, bias_attr = use_bias, weight_
attr = initializer.Normal(mean = 0, std = 0.02))
        self.bn2 = BatchNorm2D(input_output_dim)
    def forward(self, x_input):
        '''网络前向传播过程'''
        x = self.pad1(x_input )
        x = self.conv1(x)
        x = self.bn1(x)
        x = self.relu1(x)
        x = self.pad2(x)
        x = self.conv2(x)
        x = self.bn2(x)
        return x + x_input
```

接下来是生成器的搭建，在这部分我们通过 Gen 定义一个 ResNet 版本的生成器，首先是通过几组卷积和之前定义的残差结构构成网络的特征提取部分。之后通过两组反卷积逐步提升特征图的分辨率，最后完成图像的生成。

```
class Gen(paddle.nn.Layer):
    '''定义 ResNet 版的生成器'''
    def __init__(self, base_dim = 64, residual_num = 7):
        '''初始化函数，定义生成器的网络结构'''
        super(Gen, self).__init__()
        self.residual_num = residual_num
        self.pad1 = paddle.nn.Pad2D([3, 3, 3, 3], mode = 'reflect')
        self.conv1 = Conv2D(3, base_dim, 7, bias_attr = False, weight_attr = initializer.Normal
(mean = 0, std = 0.02))
        self.bn1 = BatchNorm2D(base_dim)
        self.relu1 = paddle.nn.LeakyReLU()
        self.conv2 = Conv2D(base_dim, base_dim * 2, 3, padding = 1, stride = 2, bias_attr = False,
weight_attr = initializer.Normal(mean = 0, std = 0.02))
        self.bn2 = BatchNorm2D(base_dim * 2)
        self.relu2 = paddle.nn.LeakyReLU()
        self.conv3 = Conv2D(base_dim * 2, base_dim * 4, 3, padding = 1, stride = 2, bias_attr =
False, weight_attr = initializer.Normal(mean = 0, std = 0.02))
        self.bn3 = BatchNorm2D(base_dim * 4)
        self.relu3 = paddle.nn.LeakyReLU()
        self.residual_list = []
        for i in range(residual_num):
            layer = self.add_sublayer('res_' + str(i), Residual(base_dim * 4, False))
            self.residual_list.append(layer)
        self.convTrans1 = Conv2DTranspose(base_dim * 4, base_dim * 2, 3, stride = 2, padding = 1,
bias_attr = False, weight_attr = initializer.Normal(mean = 0, std = 0.02))
        self.bn4 = BatchNorm2D(base_dim * 2)
```

```
        self.relu4 = paddle.nn.LeakyReLU()
        self.pad4 = paddle.nn.Pad2D([0, 1, 0, 1], mode='constant', value=0.0)
        self.convTrans2 = Conv2DTranspose(base_dim * 2, base_dim, 3, stride=2, padding=1,
    bias_attr=False, weight_attr=initializer.Normal(mean=0, std=0.02))
        self.bn5 = BatchNorm2D(base_dim)
        self.relu5 = paddle.nn.LeakyReLU()
        self.pad5 = paddle.nn.Pad2D([0, 1, 0, 1], mode='constant', value=0.0)
        self.pad5_1 = paddle.nn.Pad2D([3, 3, 3, 3], mode='reflect')
        self.conv4 = Conv2D(base_dim, 3, 7, bias_attr=True, weight_attr=initializer.Normal
    (mean=0, std=0.02))
        self.tanh = paddle.nn.Tanh()
```

网络前向传播的过程，输入的噪声在经过 pad 后，再顺序通过卷积、反卷积最终生成输出图像：

```
def forward(self, x):
    '''网络前向传播过程'''
    x = self.pad1(x)
    x = self.conv1(x)
    x = self.bn1(x)
    x = self.relu1(x)
    x = self.conv2(x)
    x = self.bn2(x)
    x = self.relu2(x)
    x = self.conv3(x)
    x = self.bn3(x)
    x = self.relu3(x)
    for res_layer in self.residual_list:
        x = res_layer(x)
    x = self.convTrans1(x)
    x = self.bn4(x)
    x = self.relu4(x)
    x = self.pad4(x)
    x = self.convTrans2(x)
    x = self.bn5(x)
    x = self.relu5(x)
    x = self.pad5(x)
    x = self.pad5_1(x)
    x = self.conv4(x)
    x = self.tanh(x)
    return x
```

步骤 3：pix2pix 模型训练

train 函数用于网络训练，通过输入参数控制训练迭代的次数、不同损失对应的权重、是否使用 GPU 和加载预训练模型等。其中训练的过程不再过多赘述，可参照实践十八和十九。

训练过程和效果如图 6.7 所示。

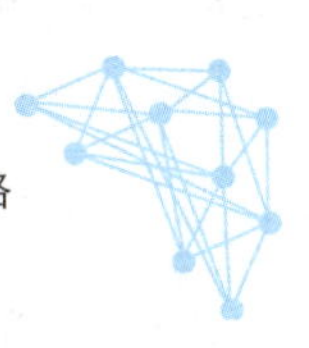

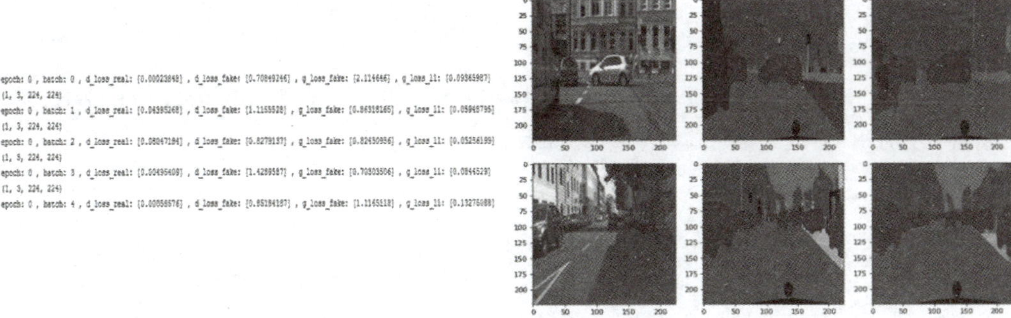

图 6.7　训练过程及结果可视化

实践二十一：基于 CycleGAN 的图像风格迁移

CycleGAN，即循环生成对抗网络，出自 ICCV17 的论文 *Unpaired Image-to-Image Translation using Cycle-Consistent Adversarial Networks*，和 pix2pix 一样，用于图像风格迁移任务，其结果如图 6.8 所示。以前的 GAN 都是单向生成，CycleGAN 为了突破 pix2pix 对数据集图片一一对应的限制，采用了双向循环生成的结构，因此得名 CycleGAN。

图 6.8　CycleGAN 效果展示

CycleGAN 也是一个 GAN 模型，通过判别器和生成器的对抗训练，学习数据集图片的像素概率分布来生成图片。要完成 X 域到 Y 域的图片风格迁移，就要求 GAN 网络既要拟合 Y 域图片的像素概率分布，又要保持 X 域图片的对应特征。然后，送入 CycleGAN 的两组(X 域 Y 域)图片是没有一一对应关系的，即使我们将 X 域图片当成限制条件输入到一个 CGAN 中，也起不到限制模型输出保有 X 域图片特征的作用。因为，送入的两组图片完全是随机配在一起，CGAN 学不到任何联系。因此，CycleGAN 采取了一个绝妙的设计：通过添加“循环生成”并优化一致性损失(Consistency Loss)来代替 CGAN 中使用的约束条件来限制生成器保有原域图片特征。这样就不需要训练集图片一一对应了。

步骤 1：了解 CycleGAN 的流程

假设现在有 X 和 Y 两个域，可以简单理解为 X 为斑马，Y 为马。在 CycleGAN 中有 2 个生成器，分别用 G 和 F 表示，如图 6.9 所示。

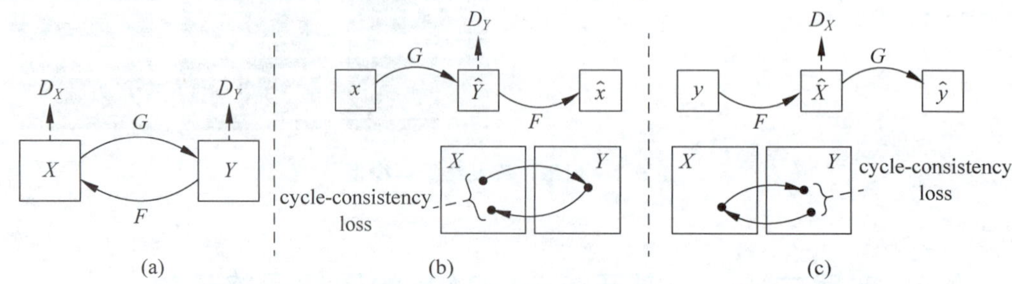

图 6.9　CycleGAN 训练原理

生成器 G 用来基于 X 域的图像生成 Y 域的图像（斑马->马）；生成器 F 用来基于 Y 域的图像生成 X 域的图像（马->斑马），这两个生成器的定位是相反的过程，通过(b)和(c)中的 cycle-consistency loss 进行约束。同时 CycleGAN 中有两个判别器，分别用 DX 和 DY 表示，用来判断输入的 X 域或 Y 域图像是真还是假。因此 CycleGAN 可以看作是两个 GAN 的融合，一个 GAN 由生成器 G 和判别器 DY 构成，实现从 X 域到 Y 域的图像生成和判别；另一个 GAN 由生成器 F 和判别器 DX 构成，实现从 Y 域到 X 域的图像生成和判别，两个网络构成循环(cycle)的过程。

整个训练的过程如图 6.10 所示，上半部分是生成器 G 和判别器 Dy 进行 x2y 的训练过程，下半部分是生成器 F 和判别器 Dx 进行 y2x 的训练过程。

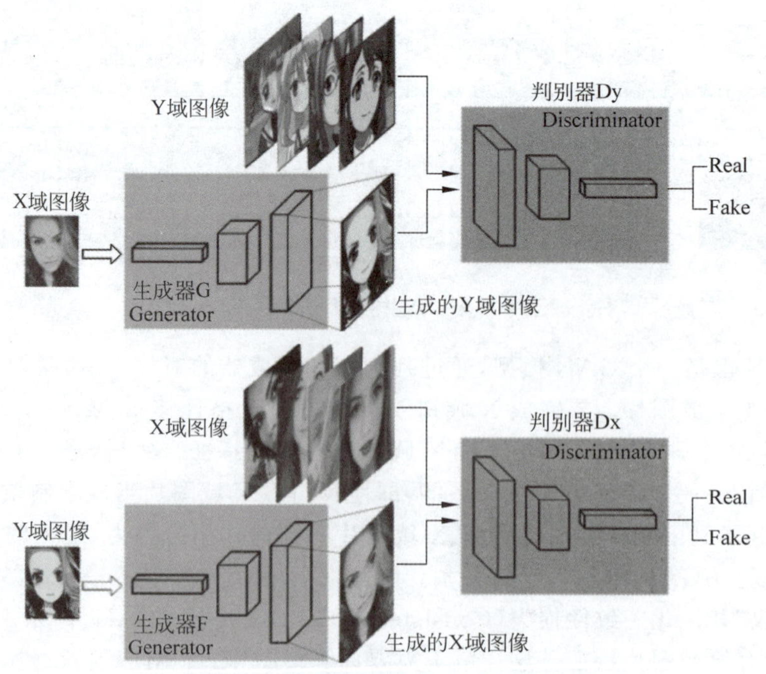

图 6.10　CycleGAN 训练过程示意图

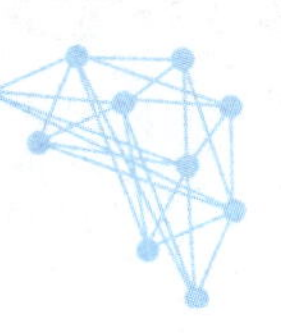

步骤 2：认识 selfie2anime 数据集与数据加载

（1）数据集概览。

U-GAT-IT 在论文中公布了的 selfie2anime 数据集，其中对于 selfie 数据集，包含 46 836 张自拍照，带有 36 个不同的属性。U-GAT-IT 论文只使用女性的照片作为训练数据和测试数据。训练数据集的大小为 3400，测试数据集的大小为 100，图像大小为 256×256 像素。对于 anime 数据集，作者首先通过 Anime-Planet(http://www.anime-planet.com/)中检索了 69 926 张动漫人物图像。在这些图像中，使用 anime-face detector(https://github.com/nagadomi/lbpcascade animeface)提取了 27 023 张人脸图像。在只选择女性图像和手动去除单色图像后，一共收集了两个女性动漫人脸图像数据集，训练集和测试集的大小分别为 3400 和 100，与 selfie 数据集相同。最后，通过使用基于 CNN 的图像超分辨率算法(https://github.com/nagadomi/waifu2x)，将所有动漫人脸图像的大小调整为 256×256 像素。

数据集总共分为四个部分：

① trainA：真实自拍图像(源域)，3400 张，训练集；

② trainB：动漫人脸图像(目标域)，3400 张，训练集；

③ testA：真实自拍图像，100 张，测试集；

④ testB：动漫人脸图像，100 张，测试集。

U-GAT-IT 在论文中公布了 selfie2anime 数据集，其中训练集 3400 张，测试集 100 张。训练集和测试集均分为两部分：真实自拍和动漫人脸，其中真实自拍取自 selfie 数据集中的互性自拍，而动漫人脸则在 Anime-Planet(http://www.anime-plant.com/)中使用 anime-face detector(https://github.com/nagadomi/lbpcascade animeface)提取筛选后再通过 CNN 方法(https://github.com/nagadomi/waifu2x)超分辨率至同真实自拍图像大小一样，样例数据如图 6.11 所示。

（2）数据集下载。

数据集可通过 https://aistudio.baidu.com/aistudio/datasetdetail/48778 下载。

（3）数据加载。

reader_creator 用于创建 CycleGAN 所需的数据读取器，每次只返回单张图像，并对图像进行归一化、维度转换、剪裁等操作。在 init 函数中主要对一些图像操作的参数和指标进行预定义。

```
class reader_creator(Dataset):
  '''read and preprocess dataset'''
  def __init__(self, args):
    '''初始化函数，进行参数设置和 shuffle'''
    super(Dataset, self).__init__()
    self.image_dir = args.image_dir
    self.shuffle = args.shuffle          #是否对数据进行打乱
    self.dataset = args.dataset
    self.model_net = args.model_net
    self.list_filename = args.list_filename
    self.batch_size = args.batch_size
```

图 6.11 数据集示例

```
    self.drop_last = args.drop_last       # 指示最后一个批大小不等于 batchsize 是否进行丢弃
    self.run_test = args.run_test
    self.load_size = args.load_size
    self.crop_size = args.crop_size       # 数据裁剪大小
    self.crop_type = args.crop_type       # 数据裁剪方式
    self.phase = args.phase               # 训练 or 测试
    self.return_name = args.return_name # 指示是否返回图片名
    print('self.list_filename = ',self.list_filename)
    self.lines = open(self.list_filename).readlines()
    if self.shuffle:
      np.random.shuffle(self.lines)       # 对数据进行打乱
```

在通过 getitem 的每次迭代中，我们按照 init 函数中的定义，对图像进行中心、随机剪裁以及归一化和调整维度等操作。

```
def __getitem__(self, idx):
  '''获取索引为 idx 的数据'''
  file = self.lines[idx]
  file = file.strip('\n\r\t ')
  # 读取并处理图片
```

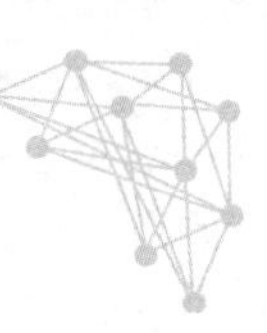


```
    img = Image.open(os.path.join(self.image_dir,file)).convert('RGB')
    img = img.resize((self.load_size, self.load_size),Image.BICUBIC)
    if self.phase == 'train':
      #训练数据获取
      if self.crop_type == 'Center':
        #对图片进行中心裁剪
        CenterCrop = transforms.CenterCrop((self.crop_size, self.crop_size))
        img = CenterCrop(img)
      elif self.crop_type == 'Random':
        #对图片进行随机裁剪
        RandomCrop = transforms.RandomCrop((self.crop_size, self.crop_size))
        img = RandomCrop(img)
        img = (np.array(img).astype('float32') / 255.0 - 0.5) / 0.5
        img = img.transpose([2, 0, 1])
    else:
      #测试数据获取
      img = (np.array(img).astype('float32') / 255.0 - 0.5) / 0.5
      img = img.transpose([2, 0, 1])
    return np.array(img)
```

CycleGAN 训练的过程循环训练，因此训练、测试数据读取器也分为 A、B 两个部分。通过 data_reader 的 make_data 最终生成 a_train_reader，b_train_reader，a_reader_test，b_reader_test 四个数据读取器。

```
class data_reader(Dataset):
  def make_data(self):
    '''获取数据读取器'''
    #获取 CycleGAN 网络的数据读取器
    dataset_dir = os.path.join(self.cfg.data_dir, self.cfg.dataset)
    trainA_list = os.path.join(dataset_dir, "trainA.txt")
    trainB_list = os.path.join(dataset_dir, "trainB.txt")
    self.cfg.image_dir = dataset_dir
    self.cfg.list_filename = trainA_list
    self.cfg.phase = 'train'
    #获取训练数据 A 读取器,调用 reader_creator
    a_train_reader = reader_creator(self.cfg)
    self.cfg.list_filename = trainB_list
    self.cfg.phase = 'train'
    #获取训练数据 B 读取器,调用 reader_creator
    b_train_reader = reader_creator(self.cfg)
    a_reader_test = None
    b_reader_test = None
    if self.cfg.run_test:
      testA_list = os.path.join(dataset_dir, "testA.txt")
      testB_list = os.path.join(dataset_dir, "testB.txt")
      self.cfg.list_filename = testA_list
      self.cfg.phase = 'test'
      self.cfg.shuffle = False
      self.cfg.return_name = True
```

```
        # 获取测试数据 A 读取器,调用 reader_creator
        a_reader_test = reader_creator(self.cfg)
        self.cfg.list_filename = testB_list
        self.cfg.phase = 'test'
        self.cfg.shuffle = False
        self.cfg.return_name = True
        # 获取测试数据 B 读取器,调用 reader_creator
        b_reader_test = reader_creator(self.cfg)
    # 获取数据的批数目
    batch_num = max(a_train_reader.len(), b_train_reader.len())
    return a_train_reader, b_train_reader, a_reader_test, b_reader_test, batch_num
```

步骤 3：CycleGAN 模型搭建

CycleGAN 有两个结构一样的判别器和两个结构一样的生成器，因此只需要定义一个判别器和一个生成器，在训练过程实例化成不同对象即可。

步骤 4：CycleGAN 模型训练

train 函数用于 CycleGAN 网络，通过输入参数控制训练迭代的次数、不同损失对应的权重、是否使用 GPU、加载预训练模型等。

在训练 CycleGAN 的过程中，我们需要实例化两个生成器、两个判别器，并对应地生产各自对应的优化器，分别对应着 X-> Y 的生成器、判别器和 Y-> X 的生成器、判别器。

```
def train(epoch_num = 1000, adv_weight = 1, cycle_weight = 30, identity_weight = 10, use_gpu =
True, load_model = False, model_path = './model/', model_path_bkp = './model_bkp/', \
      print_interval = 1, max_step = 50, model_bkp_interval = 5000):
  place = paddle.CUDAPlace(0) if use_gpu == True else paddle.CPUPlace()
  device = 'gpu' if use_gpu == True else 'cpu'
  paddle.set_device(device)
  # 创建生成器
  g_a = Gen()
  g_b = Gen()
  # 创建判别器
  d_a = Disc()
  d_b = Disc()
  # 创建数据读取器
  cfg = CFG()
  reader = data_reader(cfg)
  a_reader, b_reader, _, _, _ = reader.make_data()
  reader_a = DataLoader(a_reader, places = PLACE, shuffle = True, batch_size = cfg.batch_size,
drop_last = False, num_workers = 0, use_shared_memory = False)
  reader_b = DataLoader(b_reader, places = PLACE, shuffle = True, batch_size = cfg.batch_size,
drop_last = False, num_workers = 0, use_shared_memory = False)
  # 创建优化器
  g_a_optimizer = paddle.optimizer.Adam(learning_rate = 0.0002, beta1 = 0.5, beta2 = 0.999,
parameters = g_a.parameters())
  g_b_optimizer = paddle.optimizer.Adam(learning_rate = 0.0002, beta1 = 0.5, beta2 = 0.999,
```

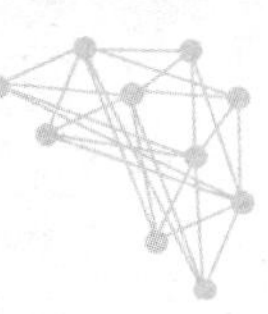

```
parameters = g_b.parameters())
  d_a_optimizer = paddle.optimizer.Adam(learning_rate = 0.0002, beta1 = 0.5, beta2 = 0.999,
parameters = d_a.parameters())
  d_b_optimizer = paddle.optimizer.Adam(learning_rate = 0.0002, beta1 = 0.5, beta2 = 0.999,
parameters = d_b.parameters())
  # 构建图片池
  fa_pool, fb_pool = ImagePool(), ImagePool()
    total_step_num = np.array([0])
```

在每次迭代中，我们依次训练判别器 A、B 和生成器 A、B。判别器 A 判断的是生成器 A 从域 X-> Y 的生成效果，而判别器 B 判断的则是生成器 B 从域 Y-> X 的生成效果。两组生成判别器交替循环训练，共同提升。

```
for epoch in range(epoch_num):
  for data_a,data_b in zip(reader_a(),reader_b()):
    step += 1
    img_ra, img_rb = data_a[0],data_b[0]
    # 训练 A 判别器
    d_loss_ra = paddle.mean((d_a(img_ra.detach()) - 1) ** 2)
    d_loss_fa = paddle.mean(d_a(fa_pool.pool_image(g_a(img_rb.detach()))) ** 2)
    da_loss = (d_loss_ra + d_loss_fa) * 0.5
    da_loss.backward()
    d_a_optimizer.step()
    d_a_optimizer.clear_grad()
    # 训练 B 判别器
    d_loss_rb = paddle.mean((d_b(img_rb.detach()) - 1) ** 2)
    d_loss_fb = paddle.mean(d_b(fb_pool.pool_image(g_b(img_ra.detach()))) ** 2)
    db_loss = (d_loss_rb + d_loss_fb) * 0.5
    db_loss.backward()
    d_b_optimizer.step()
    d_b_optimizer.clear_grad()
    # 训练 A 生成器
    ga_gan_loss = paddle.mean((d_a(g_a(img_rb.detach())) - 1) ** 2)
    ga_cyc_loss = paddle.mean(paddle.abs(img_rb.detach() - g_b(g_a(img_rb.detach()))))
    ga_ide_loss = paddle.mean(paddle.abs(img_ra.detach() - g_a(img_ra.detach())))
    ga_loss = ga_gan_loss * adv_weight + ga_cyc_loss * cycle_weight + ga_ide_loss * identity_
weight
    ga_loss.backward()
    g_a_optimizer.step()
    g_a_optimizer.clear_grad()
    # 训练 B 生成器
    gb_gan_loss = paddle.mean((d_b(g_b(img_ra.detach())) - 1) ** 2)
    gb_cyc_loss = paddle.mean(paddle.abs(img_ra.detach() - g_a(g_b(img_ra.detach()))))
    gb_ide_loss = paddle.mean(paddle.abs(img_rb.detach() - g_b(img_rb.detach())))
    gb_loss = gb_gan_loss * adv_weight + gb_cyc_loss * cycle_weight + gb_ide_loss * identity_
weight
    gb_loss.backward()
    g_b_optimizer.step()
    g_b_optimizer.clear_grad()
```

训练过程及其模型效果如图 6.12 所示。

```
[200122] DA: [0.3649456] DB: [0.15003552] GA: [5.076691] GB: [4.29802] 2021-03-30 21:51:39
[200123] DA: [0.2753412] DB: [0.29627952] GA: [8.651058] GB: [8.302259] 2021-03-30 21:51:40
[200124] DA: [0.34458452] DB: [0.094767] GA: [8.237589] GB: [12.083412] 2021-03-30 21:51:40
```

图 6.12　训练过程和效果示意图

步骤 5：CycleGAN 模型预测

通过 infer 函数进行模型预测，这部分可以选择不同的生成器实现两个域之间的相互转换，下面我们展示由真实人脸生成卡通头像的部分。

```
def infer(max_step = 10, use_gpu = True, load_model = True, model_path = './model/'):
  place = paddle.CUDAPlace(0) if use_gpu == True else paddle.CPUPlace()
  device = 'gpu' if use_gpu == True else 'cpu'
  paddle.set_device(device)
  # 创建生成器
  g_b = Gen()
  # 创建数据读取器
  cfg = CFG()
  reader = data_reader(cfg)
  _, _, a_reader_test, _, _ = reader.make_data()
  reader_a_test = DataLoader(a_reader_test, places = PLACE, shuffle = False, batch_size = cfg.
batch_size, drop_last = False, num_workers = 0, use_shared_memory = False)


  if load_model == True:
    # 加载预训练模型
    gb_para = paddle.load(model_path + 'gen_a2b.pdparams')
    g_b.set_state_dict(gb_para)
```

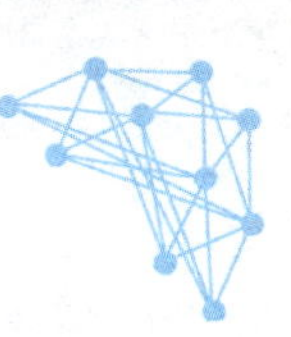

```
step = 0
for data_a in reader_a_test():
    step += 1
    img_ra = data_a[0]
    img_b = g_b(img_ra).numpy() * .9
    show_pics([data_a[0].numpy(), img_b])
    print('(', step, '/', max_step, ')')
    if step >= max_step:
        return
```

至此,我们就完成了 CycleGAN 网络的搭建、训练和使用 CycleGAN 转换风格的过程,你学会了吗?

参考文献

[1] Simonyan K,Zisserman A. Very Deep Convolutional Networks for Large-Scale Image Recognition[J]. Computer Science,2014.

[2] HeK,Zhang X,Ren S,et al. Deep Residual Learning for Image Recognition[J]. IEEE,2016.

[3] RenS,He K,Girshick R,et al. Faster R-CNN: Towards Real-Time Object Detection with Region Proposal Networks[J]. IEEE Transactions on Pattern Analysis & Machine Intelligence,2017,39(6): 1137-1149.

[4] RedmonJ,Divvala S,Girshick R,et al. You Only Look Once: Unified,Real-Time Object Detection[J]. Computer Vision & Pattern Recognition,2016.

[5] RedmonJ,Farhadi A. YOLO9000: Better,Faster,Stronger[C]//IEEE Conference on Computer Vision & Pattern Recognition. IEEE,2017: 6517-6525.

[6] RedmonJ,Farhadi A. YOLOv3: An Incremental Improvement[J]. arXiv e-prints,2018.

[7] Ioffe S, Szegedy C. Batch normalization: Accelerating deep network training by reducing internal covariate shift[J]. arXiv preprint arXiv: 1502.03167,2015.

[8] Ronneberger O,Fischer P,Brox T. U-Net: Convolutional Networks for Biomedical Image Segmentation[J]. Springer International Publishing,2015.

[9] Long J, Shelhamer E, Darrell T. Fully convolutional networks for semantic segmentation[C]// Proceedings of the IEEE conference on computer vision and pattern recognition. 2015: 3431-3440.

[10] Chen L C, Zhu Y, Papandreou G, et al. Encoder-decoder with atrous separable convolution for semantic image segmentation[C]//Proceedings of the European conference on computer vision (ECCV). 2018: 801-818.

[11] Wang L,Xiong Y,Wang Z,et al. Temporal segment networks: Towards good practices for deep action recognition[C]//European conference on computer vision. Springer,Cham,2016: 20-36.

[12] Zolfaghari M,Singh K,Brox T. Eco: Efficient convolutional network for online video understanding [C]//Proceedings of the European conference on computer vision(ECCV). 2018: 695-712.

[13] Radford A, Metz L, Chintala S. Unsupervised representation learning with deep convolutional generative adversarial networks[J]. arXiv preprint arXiv: 1511.06434,2015.

[14] Mirza M,Osindero S. Conditional generative adversarial nets[J]. arXiv preprint arXiv: 1411.1784, 2014.

[15] Isola P,Zhu J Y,Zhou T,et al. Image-to-image translation with conditional adversarial networks [C]//Proceedings of the IEEE conference on computer vision and pattern recognition. 2017: 1125-1134.

[16] Zhu J Y,Park T,Isola P,et al. Unpaired image-to-image translation using cycle-consistent adversarial networks[C]//Proceedings of the IEEE international conference on computer vision. 2017: 2223-2232.

[17] https://www.paddlepaddle.org.cn/